LANOO (Christian Anders)

DARWIN IRRT

Der Affe stammt vom Menschen ab

IMPRESSUM

Schriftsatz und Gestaltung: Elke Straube
Cover: Tom Seifert
Foto Christian Anders (Frontcover): Andreas Boldt
Illustrationen: Ron Lennstrom, Ham D'Arcus, Sammie Raymond,
Vibul Wonprasat, Joe George, Dr. Saled Abu-Raya,
Illustration II S. 26 + Illustration S. 29 : Andrea Rogl
Illustration S. 177 : Thomson Reiter
Verlag: Verlag Elke Straube
ISBN: 3-937699-00-7
Herstellung: Books on Demand GmbH

Ich widme dieses Buch all jenen Menschen, die sich nicht mit der Affen - Ahnen - Theorie von Charles Darwin zufrieden geben.

LANOO (Christian Anders)

Ich habe dieses Wissen viele Jahre mit mir herumgetragen. Meine Lehrerin Beatrice Flemming, Autorin von „Weltbild der Theosophie", die vor 15 Jahren in Berlin starb, sagte mir kurz vor ihrem Tode: „Ich werde Dich wissen lassen, wann es an der Zeit ist, die Lehre zu verbreiten. Wenn das sein wird, besteht keine Gefahr für dich, denn auf Grund deines Berufes als Schlagersänger und deiner vom esoterisch-wissenschaftlichen Pfad oft abweichenden Aktivitäten werden nur wenige dich wirklich ernst nehmen, dieses Buch betreffend. Diese wenigen bzw. ihre Nachfolger werden nach deinem Tode die Träger des Wissens sein, welches sich schnell über die ganze Welt verbreiten und den Segen bringen wird, den die Menschheit so sehr benötigt auf ihrem Weg zu höheren Entwicklungsstufen. Dein Hauptwerk auf Erden aber, oh Lanoo, wird *DAS BUCH DES LICHTS* sein. OM."
Vor einem Jahr erschien mir Beatrice Flemming im Traum und lächelte mir zu: „Es ist soweit, Lanoo".

LANOO (Christian Anders)

Baden-Baden, Mai 2003

Es gibt gewisse Dinge im Zusammenhang mit fossilen Funden, die jeder Anhänger der Evolutionstheorie akzeptieren sollte. Es würde uns zum Beispiel sehr überraschen, menschliche Fossilien aus einer Zeit zu finden, die noch VOR der von uns angenommenen Entwicklung der Säugetiere liegt. Wenn auch nur ein einziger, gut erhaltener Schädel eines Säugetiers in 500 Millionen Jahre altem Gestein auftauchen würde, wäre unsere ganze moderne Evolutionstheorie in ihren Grundfesten erschüttert.

Prof. Richard Dawkins, Oxford University

VORWORT

MEINE ZWEIFEL AN DER RICHTIGKEIT DER DARWINSCHEN EVOLUTIONSTHEORIE

Das Studium der Darwinschen Abstammungslehre hat uns nicht gelehrt, wie sich aus Reptilien Vögel entwickelten, Säugetiere aus älteren Vierfüßlern, Vierfüßler aus Fischen oder Wirbeltiere aus Wirbellosen. Die Darwinsche Lehre, die Wirbellosen betreffend, weist die gleichen Schwierigkeiten auf. Die LÜCKE zwischen den Wirbeltieren und den Wirbellosen, zwischen den Würmern und den Hohltieren, zwischen den Hohltieren und den Protozonen ist so groß, dass wir sie nicht überblicken können. Jede Schicht, jede Stufe ist, wenn man Darwin folgt, ein kategorisches Novum, UNVERBUNDEN mit der vorangehenden Stufe. Man sucht umsonst nach gemeinsamen Schnittstellen, die diese Klüfte überbrücken, denn man wird sie nicht finden.

So mancher Biologe denkt kaum mehr daran, dass die Systematik die Grundlage der ganzen Abstammungslehre ist, dass sie das Sichere ist, das, was wir wissen, während die Entwicklungstheorien das sind, was wir VERMUTEN. Selbst die heutige moderne Theorie weicht weitgehend von derjenigen Darwins ab. Nicht alle Biologen sind jedoch davon überzeugt, dass auch die moderne Theorie zwingend ist. Wer als Physiker, Philologe oder Erkenntnistheoretiker exakte Methoden kennt, hat keinen Zweifel an dem höchst hypothetischen Charakter der Darwinschen Abstammungslehre, denn auf jeder Entwicklungsstufe des Lebendigen tritt Neues auf, das aus der tieferen Stufe auf keine Weise ableitbar ist. Und so sage ich, dass die Selektion in Wirklichkeit nicht Neues schaffen kann, höchstens kann sie Mangelhaftes, Lebensunfähiges ausmerzen. Die Umwelt kann nur verborgene Anlagen „hervorrufen“, es sieht nur so aus, als ob sie dieselben geschaffen hätte. Die Frage, woher die Anlagen stammen, beantwortet Darwin darum nicht befriedigend. Dieses Dickicht von verwandtschaftlichen Beziehungen, das durch die undurchsichtigen Vorgänge der Rekombination und Merkmalsentfaltung zustande kommt, lässt sich durch das Darwinsche Schema oder System nicht erklären. Darwins Theorie führt zu der Schlussfolgerung, dass die Mutationsraten zu niedrig sind, als dass ein Organismus durch zufällige Mutationen in eine bestimmte Richtung „gezwungen“, d.h. gegen die Wirkung natürlicher Selektion in eine Evolutionslinie geleitet werden könnte. Es gibt auch keinen Beweis oder kein direktes Zugeständnis dafür, dass diese VERMUTETEN Vorgänge oder Veränderungen stattgefunden haben, wie es uns Darwin in seiner Stufenleiter der organischen Evolution glauben machen will. Ich verweise auf Wissenschaftler wie Portmann, Dobzhansky, Gehlen, Lorenz, Westenhöfer, Overhage, Thorpe, Berril, Schinderwolf, Wood, Sülbeck, Hübner, Woodger, Kurth, Heberer, Nilsson, Dacque, Schirmbeck, Zimmermann, Beurlen, Rostand, Romer, Westenhöfer, Thompson, Fleischmann, A. Meyer, Fangauf, Troll, Gray, Simpson, Overhage, Illies, Meurers, Haas, Kälin, Hengstenberg, Portmann, von Bertalanffy, Sir Fred Hoyle, Sir Arthur Keit, Shute, Henning, Weißermehl von Hüne, Broom, Aberhalden und andere. Sie alle widersprechen der Lehre Darwins vehement. Ich sage, dass die Schulbücher umgeschrieben werden müssen und dass die Paläontologie von heute NICHTS weiß über die Entstehung der Typen. Man muss, wie Weissermehl schreibt, „sich entweder mit Nichtwissen bescheiden, oder man muss annehmen, dass eine geistige Potenz, zu deutsch ein Schöpfer, hinter der ganzen Entwicklung stehe." Der Meinung bin ich dann allerdings nicht mehr, denn einen außerkosmischen Schöpfer, der die ganze Zeit allein war und sich dann dazu entscheidet etwas zu erschaffen, den gibt es mit Sicherheit nicht. Und doch gibt es „Schöpfer". Der nur scheinbare Widerspruch dieser Aussage wird in diesem Buch geklärt. Darwins Lehre der Entstehung des Höheren aus dem Niedrigeren kann man nicht durch Tatsachen beweisen. Man hat nie festgestellt, dass sich aus einer Art eine andere entwickelt. Weder kann man das mit eigenen Augen sehen, noch ist in der geschichtlichen Zeit auch nur die geringste Spur einer solchen Entwicklung zu finden. Zwar geben die Paläontologie wie auch die Genetik Hinweise, aber sie erklären nicht das Auseinanderklaffen von Ursache und Wirkung. So ist diese Diskrepanz biologisch nicht auflösbar. So werden wir die kompletten Stammbäume niemals vor uns liegen sehen, um das Werden des Homo Sapiens auf dieser Erde lückenlos zu dokumentieren. Bei kaum einer wissenschaftlich behandelten Frage wie dem Darwinismus sind so viele Widersprüche geblieben wie bei den Äußerungen zu den Abstammungsfragen. Die Aussage über Stellung und Bedeutung eines Fossilfundes muss mit zunehmender Materialkenntnis immer zurückhaltender werden. Die Theorie der Entwicklung ist durch experimentelle Forschungen nicht bestätigt worden. Keine irgend uns bekannte jetztweltliche oder urweltliche Gattung und Form ist so gestaltet, dass man sie in den Stammbaum des Menschen als des höchsten Geschöpfes hereinnehmen könnte, wenn man annimmt, dass sich die niederste Form zur höchsten entwickelt haben soll. Wir sind mit den neuesten paläoanthropologischen Funden dem

Geheimnis der Menschwerdung in keinster Weise näher gekommen. Durch keine Differenzierung kann der Typus überschritten und eine neue Art hervorgebracht werden. Alle Stammbäume, die in der Literatur auf Grund eingehender paläobiologischer Analysen veröffentlicht worden sind, haben an den Verzweigungspunkten FIKTIVE Formen, während die konkret vorliegenden Fossilien sich auf den Seitenästen befinden. Durch Mutation entsteht im organischen Aufbau nie etwas Neues, nichts, was man als Grundlage für ein neues Organ oder als die Voraussetzung für eine neue Funktion ansehen könnte. Nein, ich kann mich nicht dazu durchringen, zu glauben, dass diese „Schnitzer der Vererbung" – selbst unter Mitwirkung der natürlichen Auslese und selbst wenn man für die Entwicklung der Lebensformen ungeheuere Zeiträume annimmt – für die Entstehung einer ganzen Welt mit ihrer verschwenderischen Vielfalt, in der alles bis ins Kleinste ausgeklügelt ist sowie für ihre erstaunlich „Anpassung" verantwortlich sind. Die Zwischenglieder fehlen einfach und wurden weder im Bereich der Paläontologie noch der Botanik noch der Zoologie gefunden. Trotz reichhaltigen Materials ist von gradlinigen und sich harmonisch entwickelnden Stammreihen NIRGENDS etwas zu finden. Alles löst sich in eigene Typen und Formenkreise auf. Nirgends hat sich das gewöhnliche Stammbild, wie es durch die klassische Deszendenz- oder Abstammungslehre vorausgesetzt wurde, aufdecken bzw. bestätigen lassen. Die Natur zeigt Planmäßigkeit in Form und Anbau, in Entwicklung und individuellem Ablauf des Lebens der Tiere, eine allmähliche Entwicklung von niederem zu höherem SEELENLEBEN sowie Großartigkeit der Instinkthandlungen, die Einpassung von Tier- und Pflanzenwelt etc. etc. All dies erklären als ein Werk des Zufalls, des blinden Zusammentreffens von Elektronen, Atomen und Molekülen und deren Ketten? Durch Darwinismus erhalten wir ein Resultat gerade UMGEKEHRT von dem, was man erwarten sollte. Der große G. G. Simpson nimmt in seiner Aussage die Botschaft dieses Buches bereits vorweg: „Es ist jetzt klar, dass die Evolution weder eine einzelne noch eine einfache Ursache hat." Ende Zitat.

So faszinierend eine solche Idee der Evolution der ganzen Welt auch ist, so besagt dieser faszinierende Charakter gar nichts über die Wahrheit und Tragweite der Konzeption. Schon im Bereich der Materie stellt die Evolution eines der größten Probleme dar, denn selbst wenn die Hypothesen und Theorien der Biogenesisforschung nach Kräften begründet ERSCHEINEN, werden sie selten über den Grad von Wahrscheinlichkeitsaussagen hinausgehen. Darum schreibt der bedeutende britische Biologe Woodger, auf Darwin gerichtet, ganz richtig: „Es ist schierer Dogmatismus, wenn vorgegeben wird, die Dinge hätten sich so zugetragen, wie wir es wünschen, dass es gewesen sei." Ende Zitat. So ist es. Als naturwissenschaftliche Theorie ist die Lehre Darwins nicht vertretbar, weil er Voraussetzungen macht, die in den naturwissenschaftlich beobachteten Fakten nicht gedeckt sind. Darwins Irrtum oder Fehler ist der, dass er die Aussage eines konditionalen Zusammenhanges zwischen früherer und späterer Art überschreitet und daraus unbegründet einen Kausalzusammenhang konstruiert. Darwins Anspruch, die Evolution, d. h., die stammesgeschichtliche Entwicklung der Lebewesen allein durch Mutation und natürliche Auslese erklären zu wollen, kann darum nicht mehr kritiklos hingenommen werden. Wie war es nun wirklich? Woher kommen wir? Wohin gehen wir? Was ist der Ursprung des Menschen und aller Arten auf Erden? Der Leser möge dieses Buch lesen und dann selbst die Antwort auf diese Frage finden.

Christian Anders

MONKEYS

Wann immer ich den englischen Begriff „Monkey" verwende, meine ich damit Folgendes:
Monkeys sind in zwei geographisch voneinander getrennte Gruppen eingeteilt:

1. Neuwelt-Monkeys von Süd Amerika und
2. Altwelt-Monkeys von Afrika und Asien.

Monkeys sehen aus wie eine Mischung zwischen Affe und Eichhörnchen oder Katze. Altwelt-Monkeys wiederum teilen sich in Boden- und Baumtiere, während die Neuwelt-Monkeys ausschließlich Baumtiere sind. Einige Neuwelt-Monkeys haben einen Schwanz, der wie ein Greifarm funktioniert.

Neuweltmonkey

Altweltmonkey

Neuwelt-Monkeys sind: Spinnen-Monkeys, Red-Howler-Monkeys, Eichhörnchen-Monkeys, Saddla-Back-Tamarin, Löwen-Tamarin, Eulen-Monkeys, Marmosets, Titi monkeys, Saki Monkeys und Ukaris.

Altwelt-Monkeys sind: Japanische Makaken, Rhesus-Makaken, Gelada, Hamadyas Baboon, Hanuman Langur, Roter Colobus Monkey, Schwarzer Colobus Monkey, Patas Monkey und Savanna Baboon.

„Reine" AFFEN dagegen sind: Schimpansen, Bonobo, Gorilla, Gibbon, Orang-Utan und Australopithecus.

Grundsätzlich gibt es vier Arten von Primaten:

1. Prosimiane (Prä-Monkeys)
2. Monkeys
3. Affen und
4. Menschen.

Primaten sind nach Meinung der Anthroposophen strukturiert für das Leben auf den Bäumen.
Die meisten Primaten haben gegenüberliegende Daumen an beiden Händen und Füßen, um Äste etc. greifen zu können. Die primitivsten der Primaten sind wie gesagt die Prosimianae oder Prä-Monkeys, einschließlich der Lemuren und Buschbabys.
Kommunikation findet häufig durch Duftmarkung statt. Dies verrät dem Monkey Geschlecht, Identität, Fortpflanzungsstatus und mögliche Stimmung des Artgenossen.

Was Monkeys aber noch alles sind und was wir von der orthodoxen Wissenschaft nicht erfahren, lehrt dieses Buch.

Inhaltsverzeichnis

Der Mensch hat sich lange auf die Ankunft der Welt vorbereitet 1
Die taxonomische Hierarchie unter den Primaten 3
Darwin und die Darwinisten 4
Das Alter der Erde 16
Mensch, Fauna und Flora während der geologischen Epochen 19
Primordialzeit (Ordovizium, Kambrium, Silur) vor 320.000.000 Jahren......... 19
Primärzeit (Devon, Karbon, Perm) vor etwa 140.800.000 Jahren.................... 21
Primärzeit (Perm) – 80.000.000 v. Chr. 22
Sekundärzeit (Trias) – 50.000.000 v. Chr. – die Rasse der „Adam-Eva“ 23
Sekundärzeit (Trias, Jura, Kreide) – vor 45.700.000 Jahren 24
Einige Tiere des Sekundär 24
Vor 19.000.000 Jahren 25
Vor 18.000.000 Jahren 26
Tertiärzeit (Eozän, Pliozän, Miozän) – vor 8.960.000 Jahren 27
Die Atlantischen Kriege 27
Untergang von Atlantis 28
Quartärzeit – vor 1.600.000 Jahren bis heute 29
Weitere Beweise für den archaischen Ursprung des Menschen 30
Das Alter des Menschen 33
Die großen Arterien 38
Das Gesetz der embryonalen Rekapitulation 39
Der menschliche Fuß 40
Der aufrechte Gang 42
Die Bedeutung der fossilen Funde in Gesteinsschichten, das Alter und den Ursprung der Menschheit betreffend 46
Dialog Darwin – Lanoo 52
- Affen 52
- Algen 61
- Alligatoren 61
- Alter der Erde 62
- Alter des Menschen 62
- Altweltaffen 63
- Amblyosis 64
- Ameisen 64
- Amerika 65

Ammoniten 65
Analogie 65
Andaman-Inseln 66
Antarktische Inseln 67
Arabische Pferde 68
Aral-Kaspisches Meer 68
Arten 68
Ascension-Pflanzen 69
Aufrechter Gang des Menschen 69
Auge 69
Aussterben 70
Australien 70
Azoren (Flora) 71
Baer, van 72
Bagehot (über das Aussterben der Wilden) 73
Behaarung 73
Beutelsäugetiere 74
Beuteltiere 74
Bienen 75
Biogenetisches Gesetz der embryonalen Rekapitulation 76
Brüste 76
Cap-Verdische Inseln 76
Catarrhinen und Platyrrhinen 77
Degeneration 77
Dolichozephalie (und Brachyzephalie) – Lang- und Kurzschädeligkeit 78
Domestikation 78
Dryopithecus 78
Egoismus 79
Embryonale Entwicklung 80
Empfindungen 81
Entwicklung 81
Evolution 83
Fische 86
Formen 86
Fortpflanzung 87
Fortpflanzungssysteme 93
Fortschritt 93

Fossile Reste ... 94
Ganoidfische ... 94
Geburtsstätte des Menschen ... 94
Gehirn und Denken ... 94
Gehör ... 97
Gibbon ... 97
Gorilla ... 98
Größe (des Menschen) ... 99
Haare und Haarbekleidung ... 99
Halbaffen ... 100
Halsarterien ... 100
Hände ... 100
Hautfarbe ... 100
Karma ... 101
Kanarienvögel ... 108
Leben ... 108
Lemuriden ... 109
Lücke ... 109
Maoris ... 110
Mensch ... 110
Mensch und Anthropoiden ... 111
Mikrozephale Idioten ... 112
Milchdrüsen ... 113
Monaden ... 113
Mond ... 115
Mondperioden ... 116
Monogenismus ... 117
Muskeln ... 117
Nachahmungstrieb ... 117
Neandertaler (Homo Neandertalensis) ... 117
Neger ... 119
Neuweltaffen ... 119
Ohr ... 119
Pavian ... 120
Plazentale Säugetiere ... 120
Polygenismus ... 121
Polymorphe Formen ... 122

Präkambrium ... 122
Primaten ... 122
Prostata ... 124
Rassen der Menschen ... 124
Regeneration der Glieder ... 125
Religion ... 125
Reptilien ... 129
Rudimente und ihre Ursachen ... 130
Säugetiere ... 134
Sandwich-Inseln ... 134
Saurier ... 135
Schädel ... 136
Schimpanse ... 137
Selektion ... 138
Sprache ... 138
Stammbaum des Menschen ... 140
Steinwerkzeuge ... 142
Tasmanien ... 146
Tiere ... 148
Unsterblichkeit der Seele ... 150
Ursprung des Lebens ... 151
Ursprung der Arten unter dem Menschen ... 153
Vererbung ... 161
Vögel ... 162
Wal ... 162
Wasser ... 164
Zelle ... 165
Zivilisation ... 172
Zufall und Entstehung der Art ... 172
Nachwort ... 174

„DER MENSCH HAT SICH LANGE AUF DIE ANKUNFT DER WELT VORBEREITET“

Lanoo (Christian Anders)

In seinem Buch *„Die Abstammung des Menschen“* (1871) schreibt Darwin, dass der Mensch vom Affen abstamme bzw. dass der Ursprung des Menschen in einem anthropoiden Affen einer weit entfernten geologischen Poriode zu suchen sei (Wenn er übrigens damit einen AFFENARTIGEN, aufrecht gehenden Menschen meint, dann hat er natürlich Recht...). Da dies sogar von einigen Darwinisten angezweifelt wird, möchte ich hier einige Passagen aus Darwins Buch zitieren.

Charles Darwin schreibt auf Seite 199, Kapitel 6 (Über die Verwandtschaft und den Stammbaum des Menschen): „Nun gehört aber der Mensch durch seine Zahnbildung und den Bau seiner Nasenlöcher und einige andere Merkmale ohne Zweifel zu den Catarrhinen oder den AFFEN der Alten Welt............... Es kann daher kaum ein Zweifel darüber obwalten, dass der Mensch ein Sprössling des Simiadenstammes der Alten Welt und vom Standpunkt der Abstammung aus in die Abteilung der Catarrhinen einzuordnen ist.“ (Ende Zitat; Hervorhebung durch Großschreibung von Lanoo).

Catarrhinen aber sind nach Darwin die schmalnasigen AFFEN der Alten Welt und Simiaden sind alle anthropoiden Primaten bzw. AFFEN (siehe Darwin: Die Abstammung des Menschen, S.342, unter Simiaden).

Und weiter schreibt Darwin auf Seite 200: „Wenn man zugibt, dass die anthropomorphen AFFEN eine natürliche Untergruppe bilden, so können wir folgern, dass irgendein altes Glied der anthropomorphen AFFEN der Stammvater des Menschen gewesen ist.“ (Ende Zitat)

Und weiter auf Seite 201: „Wir dürfen jedoch nicht dem Irrtum verfallen, etwa anzunehmen, dass der älteste Stammvater des ganzen Simiadengeschlechts (Affengeschlechts; Lanoo) einschließlich des Menschen mit einem jetzt noch lebenden Affen identisch oder einem solchen auch nur sehr ähnlich gewesen sei.“ Es ist unter anderem wohl auch dieser Satz, der sogar viele Darwinisten zu der falschen Annahme verführte, dass Darwin gar nicht gelehrt hätte, dass der Mensch vom Affen abstammt. (Hat er aber doch. Lanoo).

Auf Seite 204 lesen wir dann auch: „Wir haben gesehen, dass der Mensch sich wahrscheinlich von der Abteilung der Catarrhinen oder der altweltähnlichen Formen der Simiaden abgezweigt hat. Die Simiaden verzweigten sich dann in zwei große Stämme, die neuweltlichen und die altweltlichen AFFEN, und aus

den letzteren ging endlich der Mensch, das Wunder und der Ruhm des Weltalls, hervor.“ Ende Zitat.
Der nachfolgende Satz ist besonders interessant. Darwin schreibt: „Die Welt scheint sich lange auf die Ankunft des Menschen vorbereitet zu haben.“ Den Satz stelle ich – wie auch Darwins Theorie – auf den Kopf und schreibe: „DER MENSCH hat sich lange auf die Ankunft DER WELT vorbereitet.“

Esoterische Wissenschaften

Mensch ***Affe*** ***Tier***

Der Affe stammt vom Menschen ab. Er ist das Resultat von Sex zwischen Mensch und Tier vor 9 Millionen Jahren.

Übrigens: Wir unterscheiden zwischen Halbaffen und echten Affen der Alten und Neuen Welt. Der Begriff „Alte Welt“ bezieht sich auf Kontinente, die bereits im Altertum bekannt waren, also Europa, Asien und Afrika. „Neue Welt“ wären dann Nord-, Mittel- und Südamerika.

Die taxonomische Hierarchie unter den Primaten

Wir sehen hier, wie der Mensch in abnehmendem Maße blutchemisch „verwandt“ ist mit dem Schimpansen, Gorilla, Orang Utan, Gibbon, dem Neuweltaffen, dem Altweltaffen und dann mit den verschiedenen Prosimiae .

Getestete Primaten	DNS-Differenz	Homoglobin-Sequenz	Aminosäure-Sequenz-differenz	Immuno-Distanz
Mensch	0	0	0	0
Schimpanse	0,7	0	0	7
Gorilla	1,4	2	0	9
Orang-Utan	?	?	2	12
Gibbon	2,7	?	3-5	15
Altweltaffe	5,7	12	5-8	32
Neuweltaffe	?	?	9-10	58
Prosimae	?	?	18	?

Allerdings wird diese Tabelle meiner Ansicht nach von den Anthropologen falsch definiert. Sie glauben nämlich von den Testergebnissen ableiten zu dürfen, dass der Mensch vom Affen abstammt. In Wirklichkeit beweist diese Tabelle nur, dass der Schimpanse dem Menschen näher ist als der Altweltaffe oder Monkey. Dies ist, sage ich, deshalb so, weil der Urahne des Altweltaffen bereits vor über 18 Millionen Jahren (aber auch davor und danach) dem Menschen entstammt, während der Urahne des Schimpansen vor etwa 9 Millionen Jahren als Produkt aus Sex zwischen Mensch und Tier hervorging. Ich wiederhole:

DAS BUCH DES LICHTS lehrt den Beginn der Altweltaffen bzw. Altweltmonkeys aus dem Menschen vor etwa 18 Millionen Jahren, doch der Beginn des anthropoiden Affen, dem Menschen entstammend, liegt etwa 9 Millionen Jahre zurück.

DARWIN und Darwinisten
Charles Robert Darwin (1809–1882)

Die natürliche Wahrheit der progressiven Entwicklung, Evolution genannt, ist nichts Neues in unserem Zeitalter oder davor und sie stammt auch nicht von Charles Darwin, der sie in seinem Werk *DER URSPRUNG DER ARTEN* 1859 veröffentlichte bzw. präsentierte. Die Idee, dass es eine „Lebensleiter" gibt, eine anwachsende Skala der Lebewesen, von denen einige mehr entwickelt sind als andere, ist ein sehr alte. Schon vor Darwin stellten sich Denker das so vor: Erst der Mensch als angebliche Krone der Schöpfung, dann unter ihm die anthropoiden Affen, unter diesen die Monkeys, der simianische Stamm. Dann folgen die Lemuren, auch Prosimiae genannt. Unter den Prosimiae die Quatrupeden, also vierfüßigen Säugetiere, dann unter ihnen die verschiedenen Klassen der Vertaebrae, der Wirbeltiere (Tiere mit Rückgrat) und der Invertebrae (ohne Rückgrat) usw.

Darwin meint, dass sich die Lebewesen von unten nach oben diese Leiter entlang entwickelt haben. Ich sage, es war eher umgekehrt. DER MENSCH war zuerst, dann der Rest, wenn auch in etwas anderer Reihenfolge. Doch zurück zu Darwin: Wenn seine Evolutionsleiter stimmt, dann fehlen da leider einige Stufen. Außerdem: Keine der Stufen der Darwinschen Leiter führt wirklich durch ZWISCHENSTUFEN zu der nächsten, sei sie höher oder niedriger, wie es sogar laut Darwin der Fall sein müsste. Sogar Darwinistische Biologen müssen zugeben, dass Darwins Entwicklungsfolge der Arten eine unterbrochene ist. Sie erkannten, als ihr Wissen wuchs, dass jede der Arten unter dem Menschen, also die wirbellosen Tiere und auch die Wirbeltiere wie Fische, Amphibien, Reptilien, Vögel und die Säugetiere nicht ineinander graduierten. Es gab zu viele weite Lücken ohne bekannte Bindeglieder. Forscher suchten weit und breit nach dem „fehlenden Bindeglied" bzw. den fehlenden Bindegliedern und fanden sie bis heute nicht. Sie fanden sie weder in den heute lebenden Tieren noch in jenen der geologischen Schichten. Darwins Methode aber verlangt nach einer UNUNTERBROCHENEN biologischen Serie der Lebewesen. Darwin und seine Anhänger dachten, dass sie durch Untersuchung verschiedener Stufen der jetzt existierenden Lebensleiter den Weg gefunden hätten, auf und durch welchen die menschliche Art von niederen zu höheren Arten gestiegen ist bis zu dem heutigen Menschen. Und doch misslang es Darwin ständig, eine Verbindung zu finden, welche das höchste einer Art oder phylum mit dem nächst niedrigen angeblich verbindet. Eine von Darwins

Maximen war „Natura non facit saltum“ oder „Die Natur macht keine Sprünge“. Da sah sich Darwin in seiner eigenen Theorie gefangen bzw. widerlegt durch sein eigenes, von ihm aufgestelltes Gesetz. Recht hat er übrigens, die Natur arbeitet in der Tat nicht in Sprüngen, sondern progressiert langsam und stetig voran, vom Einfacheren zum Komplizierteren, aber anders als Darwin es glaubt. Wie erklärt sich nun diese Diskontinuität, wenn man Darwins Gesetz anwendet oder es anwenden möchte? Die Antwort darauf ist, dass es nicht einen genealogischen „Baum“ gibt, sondern viele. Der menschliche ist einer davon, jener der Affen ein anderer, jener der Vögel ein anderer usw. Dies alles sind verschiedene Arten, doch unweigerlich miteinander verbunden durch vitale Bande der Entwicklung, damals wie heute. Also: Natura non facit saltum. Darwins Theorie würde aber „Sprünge“ erfordern bzw. voraussetzen. Als die Darwinisten sich nun mit diesem schwerwiegenden Argument konfrontiert sahen, versuchten sie zu beweisen, dass die Natur DOCH Sprünge macht und erfanden das „Gesetz der Evolutionären Sprünge“, denn anders hätten sie ja die Darwinsche Theorie gar nicht vertreten und aufrecht erhalten können. Was ist nun dieses angebliche „Gesetz der Evolutionären Sprünge“? Diese moderne „Saltatory school“ basiert auf der Idee, dass die Evolution gelegentlich einen „sprunghaften“ Verlauf nimmt. Doch hat man versäumt, dies oder warum diese evolutionären Sprünge oder Veränderungen in den Formen stattfinden, plausibel zu erklären. Die prominentesten Vertreter dieser „Mutations-Schule“ sind der Niederländer Hugo de Vries und der britische Wissenschaftler William Bateson. Diese beiden Herren begründen ihre Theorie vom „Evolutionären Sprung“ folgendermaßen: Sie fanden, dass gewisse Pflanzen und Tiere in ihrer biologischen Geschichte weite Entwicklungsschritte zeigen von einer Variation zur anderen. Diese Variation von einem Lebewesen zu dem der vorigen Entwicklungsstufe nannten Vries und Bateson Mutation. Das bedeutet natürlich Wechsel im Sinne von Variation von dem vorhergehenden Zustand. Nun ist es in der Tat so, dass solche Mutationen existieren, doch sind sie verursacht durch die evolvierende Wesenheit oder Monade, welche dann plötzlich Eigenschaften auf die Form überträgt, welche lange Zeit in der Monade schlummerten. Doch wenn die äußeren Bedingungen günstig sind, dann prägt die Monade oder Wesenheit diese Eigenschaft auf die Form, die Variation erscheint plötzlich und das Lebewesen beginnt von da an seine neue evolutionäre Entwicklung. Dabei wurde das Gesetz der langsamen Evolution überhaupt nicht gebrochen, denn diese langsame evolutionäre Entwicklung fand sehr wohl in der Zelle statt und benötigt auch die entsprechende Zeit, welche nicht in die kurze Darwinistische Zeitberechnung passt. Es ist ja auch, aber nicht nur die Umgebung, welche den Pfad der Evolution steuert und sogar verzögern kann. IN DER ZELLE jedoch verläuft dieser Pfad immer nach Plan, darauf wartend, dass die Umstände günstig sind und dann diese in der Zelle gespeicherte Information sich dann in der und durch die Form des Lebewesens ausdrücken und manifestieren kann. Man muss also auch hier für eine solche „sprunghafte" Evolution oder Entwicklung in der zellulären Struktur des Körpers suchen. Ohne das Wissen um die Monade oder Wesenheit ist natürlich ein solches Verständnis nicht zu erlangen. Ich verweise in diesem Zusammenhang auch auf die Arbeit von Mendel, dessen Versuchs- bzw. Mutationsergebnisse mit Erbsen die „Evolutions-Sprung"- Theorie von de Vries und Bateson zu bestätigen scheint. Dem ist aber nicht so. Wer nun glaubt, dieses Gesetz auf eine Evolution oder Entwicklung vom frühen Affen zum Menschen anwenden zu können, der irrt gewaltig, denn wann soll ein solcher Sprung oder solche Sprünge denn stattgefunden haben? Je mehr die Wissenschaftler forschen und graben, umso dichter kommen sie an den angeblichen Affenahnen heran und (so sage ich voraus) sogar VOR diesen. Darwin selbst widerspricht einer solchen Theorie der sprunghaften Evolution, denn in *„Die Abstammung des Menschen"* schreibt er: Er (der Mensch) verdankt seine Entstehung einer langen Reihe von Vorfahren. Hätte ein einziges Glied in dieser langen Kette niemals existiert, so würde der Mensch nicht genau das geworden sein, was er jetzt ist." Ende Zitat. Und doch, lieber Leser, fand ein solcher Mutationssprung statt, und zwar vor etwa 9 Millionen von Jahren. Da entstand eine Mutation zwischen Mensch und Tier, nämlich als der Mensch Geschlechtsverkehr mit Tieren hatte. Dort geschah es, dass die vom Menschen schwangeren Tiere Mutationen gebaren, auf allen Vieren gehende Ungeheurer, nämlich die Urahnen der Affen von heute.

Es gab also keine zum Menschen hin führende Evolution hier auf Erden. Der Mensch evolvierte nicht durch diese und in all diesen Tieren und Arten, evolvierte aber sehr wohl für 300 Millionen von Jahren durch das ÄTHERISCHE Mineral-, Pflanzen-, Tier- UND Menschenreich, mit dem er sich vermischte, um dann, vor etwa 300 Millionen von Jahren, bereit zu sein, DER BEGINN und DIE SPITZE der Evolution und aller jetzigen Arten auf Erden zu werden. Wer waren diese ätherischen Steine, Pflanzen und Menschen VOR dem Erscheinen des Menschen vor etwa 600 Millionen von Jahren? Sie waren abgestoßene Astralmasse einer davor liegenden Entwicklung (siehe *DAS*

BUCH DES LICHTS). Wem dies zu esoterisch ist, der möge die orthodoxen wissenschaftlichen Einwände beachten, welche ich gegen Darwins Lehre anführe.

Lieber Leser, der heutige Mensch bzw. sein Urahne ist NICHT das Endprodukt einer Evolution, sondern sein Beginn und seine Quelle. Die spezifischen Charaktere in den verschiedenen Arten sind einfach zu weit entlang ihrer EIGENEN Linie entwickelt, sie haben bereits VIEL ZU WEIT ZURÜCK in der geologischen Zeit existiert, als dass sich die menschlichen Gene durch sie bis hin zum heutigen Menschen hätten entwickeln können. All diese Arten waren DAMALS schon viel zu weit entwickelt.

Nun haben Recherchen gezeigt, dass das höchste jeglicher Subphyla sich nicht in das niederste eines höheren Subphylum entwickelt. Es ist im Gegenteil der niederste Repräsentant in jedem Phylum, der in den primitiven Formen steckt. Dies ist und war so besonders mit den Gruppen der Vertebraten, also der Fische, Amphybien, Reptilien, Vögel und Säugetiere. Der Grund dafür ist ersichtlich: Je weiter wir in der Zeit zurückgehen, umso näher gelangen wir zu dem Anfangspunkt bzw. Ursprung der verschiedenen Säugetiere und Prä-Säuger. Je mehr wir uns jener gemeinsamen Quelle nähern, umso mehr ÄHNELN SICH die Ahnen dieser Arten in ihrer Säugetier-Simplizität. Konsequenterweise müssten sich diese verschiedenen Arten weiter weg voneinander entwickeln, umso weiter wir von ihrer Quelle gehen, bis hinein in die heutige Zeit. Und so ist es auch. Man sehe nur die vielen verschiedenen Arten auf Erden, von denen selbst unsere moderne Wissenschaft nicht einmal die Hälfte wirklich erfasst hat.

Was ist nun dieser gemeinsame Ausgangspunkt der Arten, weit zurückliegend in der geologischen Zeit? Es ist natürlich DER MENSCH, denn DIE MENSCHLICHE Rasse und Art ist die älteste auf unserem Planeten, wie ich es in diesem Buch detailliert darlege. Zurück zu Darwin. Die Darwinisten waren zu keinem Zeitpunkt in der Lage, eine zum Menschen hin gehende Evolution zu beweisen und sollten eine solche nicht bewiesene Theorie deshalb auch nicht zur Methode machen. Sie muss dann versagen. In seiner „*Story of Philosophy*" schreibt Dr. Will Durant: „Evolution ist etwas ganz verschiedenes als der blinde Mechanismus des Kampfes und der Zerstörung wie von Darwin und Spencer gelehrt. Da ist DAUER in Evolution, die Ansammlung vitaler Kräfte.

Wir sind bereit zu verstehen, warum Koryphäen wie Jennings und Maupas die Theorie des angeblich mechanischen Verhaltens der Protozoen von sich weisen und warum der Zytologe (Zellforscher) Prof. E.B. Wilsun schreibt, dass „die Studie der Zelle zur Erkenntnis bringt, dass die enorme Lücke, welche sogar die niedrigste Lebensform von der anorganischen Welt (die es allerdings nicht gibt, denn ALLES lebt; Lanoo) trennt, viel größer sein muss als bisher angenommen. Und überall hört man in der Welt der Biologie von einem Aufstand gegen Darwin.“ Ende Zitat.

Es gibt übrigens keinen Zufall, wie Darwin meint. Alles läuft nach Plan und gecheckt von Karma und Reinkarnation. Kein Zufall ist dafür verantwortlich zu machen, dass sich die Atome eines „Urschleimklumpens“ wundersamerweise zu den Arten von heute etc. etc. zusammengebaut haben. Wer das glaubt der mag auch an den Weihnachtsmann glauben. Es gibt da „Architekten“ auf höheren Ebenen, die all dies leiten, so weit sie können bzw. soweit Karma es ihnen gestattet. Sind Darwins Ideen und Theorien völlig falsch? Nein, das sind sie nicht. All jene intensive Arten- und Verhaltensforschung, welche Darwin betrieb, ist im Detail sehr wertvoll, nur seine Schlussfolgerung aus dem Ganzen ist falsch.

Nun also zur Darwinschen Affen-Ahnen-Theorie. Darwin behauptet in seinem Werk „Die Abstammung der Arten“, S.199: „Es kann kein Zweifel darüber obwalten, dass der Mensch ein Sprössling des Simiadenstammes der Alten Welt und vom Standpunkt der Abstammung aus in die Abteilung der Catarrhinen einzuordnen ist.“ Simiaden sind, nach Darwin, Affen der Alten Welt und gehören zur Gruppe der Catarrhinen.
Und: „ Der Mensch gehört zu den Affen der Alten Welt.“

Darwin betont dann, dass diese Affen nichts mit den Affen der heutigen Welt gemeinsam haben. Wenn er jetzt noch einen Schritt weitergehen und sagen würde, dass jene Ahnen der Menschen AUFRECHTGEHENDE AFFENÄHNLICHE LEBEWESEN gewesen sind, DANN stimme ich zu. Der Affe sieht heute so aus, wie er aussieht, weil DER MENSCH (jene unter den damaligen Menschen, die so primitiv waren und Sex mit Tieren hatten) damals so aussah.
Darwin sagt also sehr wohl, dass der Mensch vom Affen abstammt, obwohl dies sogar Darwinisten manchmal bestreiten.

Darwin hat völlig Recht, wenn er schreibt: „Es ist daher gegen alle Wahrscheinlichkeit, dass einmal einige Arten der Neuen Welt variiert und ein menschliches Wesen hervorgebracht hätten." Das gleiche, so sage ich, gilt für die Affen der Alten Welt. Auch von denen stammt der Mensch nicht ab.
Es ist in der Tat erstaunlich, wie Darwin NICHT zu meinem Schlusse kommen konnte, wenn man bedenkt, welches detailliertes Wissen er hatte, vor allem auch den Hermaphroditismus der frühen Rassen betreffend. Ich sage, die frühen menschlichen Rassen waren HERMAPHRODITISCH, also potentiell doppelgeschlechtlich (davor astral-transparent etc.). Auch Darwin ist (ausgenommen der astralen Entwicklung) dieser Meinung, allerdings die TIERE betreffend. Sogar daraus schließt Darwin korrekt, ohne es zu wissen, denn in *„Die Abstammung des Menschen"* schreibt er auf S.210 : „Es scheint daher ein weit zurückliegender Vorfahre des großen Wirbeltierreiches hermaphroditisch oder androgyn gewesen zu sein!"
RICHTIG, HERR DARWIN!! Und dieser gemeinsame Vorfahre war DER MENSCH! Er war androgyn-hermaphroditisch und hat sich dann vor 18 Millionen von Jahren (lange nach den Tieren) in die Geschlechter geteilt, in Männer und Frauen.
Wie man einen Darwinisten rasend macht? Man erwähne nur die Tatsache einer „ursprünglichen Zivilisation". Warum dies so ist? Weil die Grundlage der Darwinschen Affentheorie umso unsicherer wird, je weiter Kultur und Wissenschaft in der geologischen Zeit zurückverlegt werden...

Die Darwinisten waren und sind niemals in der Lage gewesen, die These von Darwin zu beweisen. Wenn man mir vorwirft, ich könne meine auch nicht beweisen, nun denn: So steht halt These gegen These. Mag der Leser entscheiden, welche mehr Sinn macht. Darwins These der fortschreitenden Evolution würde nur dann Sinn machen, wenn er alle Stufen und Zwischenstufen einer solchen Evolution ohne Lücken bis angeblich hoch zum Menschen nachweisen könnte, und das kann er nicht. Und doch gibt es eine solche Evolution, aber eben nicht von einem Schleimklumpen bis hoch zu den heutigen Lebewesen, sondern es gibt eine Evolution FÜR JEDE ART INDIVIDUELL entlang der arteigenen Linie. Die Evolution des Menschen besteht und bestand darin, dass er die Strukturen seines Skeletts und seiner Muskeln nicht wesentlich entwickelt hat, sondern die DES GEHIRNS.
Die Evolution des Menschen ist eine EVOLUTION DES GEHIRNS. Die Evolution der Tiere, welche allesamt vom Menschen abstammen, ist eine Evo-

lution entlang der spezifischen Linie der Tierart, welche, wie in diesem Buch beschrieben, viel größere strukturelle Änderungen in Skelett und Muskulatur erfahren haben als der Mensch, obwohl er das ÄLTESTE aller Lebewesen ist. Dasselbe gilt für die Pflanzen. Auch sie entwickeln sich entlang ihrer eigenen speziellen Linie. All diese Veränderungen in Mensch, Tier und Pflanze kann man nachweisen OHNE LÜCKEN. Dann macht Evolution wieder Sinn, dann stimmt sie. Also an die Arbeit, liebe Anthropologen, Archäologen und Biologen.

Aber bedenkt bitte: Anstatt einer Entwicklung vom Einzeller zu den Lebewesen von heute gibt es verschiedene „Lebensleitern", entlang welcher die Lebewesen, jedes nach seiner Art, sich entwickeln. Wer dies nicht versteht, der wird nie verstehen, warum Darwin irrt. Lieber Leser, der physische Mensch war ursprünglich ein ungeheuerer vortertiärer Riese und existierte bereits vor 18.000.000 Jahren. Im sekundären Zeitalter gab es 8-10 Meter hohe menschliche Riesen. Außerdem: Nachdem der älteste paläolithische Mensch noch keine merkbare Abweichung von seinem modernen Nachkommen zeigt, ist – besonders, wenn Darwin Recht haben sollte – ein UNGEZÄHLTES ALTER für den Menschen erforderlich. Diese Erkenntnis veranlasste Darwin dann auch schließlich, seine Theorie zu verwerfen, dass erst 60 Millionen Jahre seit der Cambrischen Periode verflossen sein sollen. Nach dem geringen Betrag organischer Veränderung seit dem Beginn der Eiszeit urteilend, fügt Darwin hinzu „dass die vorhergegangenen 140 Millionen Jahre kaum als hinlänglich betrachtet werden können für die Entwicklung der verschiedenen Lebensformen, welche sicherlich gegen Ende der Cambrischen Periode existierten." Recht hat er. Darwins Theorie muss ein Alptraum für jeden Ethnologen sein. Evolution funktioniert eben nicht nach dem mechanischen Legobaukasten-Prinzip. Kein Darwinist ist in der Lage, auch nur annähernd eine Zeitperiode zu nennen oder zu bestimmen, wann und in welcher Form der erste Mensch erschien. Ich kann es: Die ersten Menschen waren astral-transparent und erschienen vor 300 Millionen Jahren (und davor). WIE „erschienen" diese ersten Menschen? Man lese *DAS BUCH DES LICHTS.* Es waren über hundert Meter hohe gigantische „Schatten", deren Astralsubstanz (ein Teil davon) sich in die späteren Urahnen der Tiere von heute „verdichtete" etc etc. Sogar Darwins Beuteltiere waren nicht VOR dem Menschen, sondern NACH ihm, denn: Jene Säugetiere, deren erste Spuren mit den Beuteltieren der triassischen Felsen der Sekundärzeit entdeckt wurden, hatten sich aus rein ASTRALEN Vorfahren entwickelt, mit jenen, die mit der zweiten Rasse gleichzeitig waren. Das sind NACH-

MENSCHLICHE Arten, was auch in der Ähnlichkeit zwischen ihren embryonalen Zuständen und denen des Menschen sichtbar wird und sich somit erklärt. Denn es ist ja der menschliche Embryo, welcher notwendigerweise die Züge der Gruppe, deren URSPRUNG der Mensch war, in sich umfasst und in seiner Entwicklung auszugsweise wiedergibt. Weiter mit Darwinisten.

Eine Methode von Darwin, mit der er sich übrigens selbst widerlegt, ist es, die skelettale oder muskuläre Identitäten oder Analogien erst in den Affen, dann in den Monkeys, dann in den Lemuren und dann in den Quatrupeden aufzuzeigen bzw. ihnen nachzugehen. Findet nun der Forscher Gemeinsamkeiten und Analogien, dann folgert er sofort daraus, dass diese Tiere einen Teil der evolutionären Entwicklung bis hoch zum Menschen bilden bzw. dass der Mensch der letzte in der Serie der lebenden Formen ist und dass alle anderen Lebewesen seine Vorgänger waren und die Bindeglieder formten, wobei das niederste der Ursprung, das Original oder die primitive bzw. primitivste Form war. Doch wer so denkt, der denkt falsch, denn die Arten sind verschieden voneinander. Es gibt keine jetzt noch existierenden verbindenden Glieder zwischen den großen Phyla. Außerdem sind die niederen Arten von heute viel zu weit voneinander entfernt entwickelt entlang ihrer eigenen Linie, im Vergleich zum Menschen, der, wie ich sage, DAS PRIMITIVSTE, weil ÄLTESTE aller Lebewesen auf Erden ist (Siehe S.36 und 122 über den Pectoralis minor).

Die Theorie Darwins und der Darwinisten basiert zum größten Teil auf der Ähnlichkeit zwischen Mensch und Affe. Doch genau diese Ähnlichkeit ist eben ein Beweis dafür, dass der Mensch NICHT vom Affen abstammt, wie ich in diesem Buch hinlänglich beweisen werde. Dr. Coulter, ein bekannter, weltweit angesehener Wissenschaftler, schreibt, dass Darwinismus per se etwas anderes ist als Evolution und dass Darwinismus nur EINER von vielen Versuchen ist, die evolutionären biologischen Phänomene des Lebens zu erklären. Sogar der Nobelpreisträger Professor Frederick Soddy kommt zu der Überzeugung, dass eine materialistische Evolutionsidee al la Darwin („...das Überleben des Stärkeren bzw. Tauglichsten...“) zum moralischen Verfall führt. Jeder wird so sein egozentrisches selbstsüchtiges Verhalten dadurch entschuldigen, dass es ja in der Natur genau so ist und dass nur der Stärkere siegt. Ich präsentiere in diesem Buch zwei zunächst widersprüchlich scheinende Behauptungen. Darwin IRRT, wenn er annimmt, dass es eine auf ein Ende hinweisende Evolution des Menschen vom Urschleim durch die niederen Arten aufwärts gibt. Und doch ist

Evolution auf ein Ende bzw. Ziel gerichtet, jedoch nicht entlang der Linie und der Lebensformen, wie Darwin es behauptet.

Hier ist Weisheit: Der Mensch wurde nach dem Ebenbild des Himmlischen Menschen gemacht (die Monade wurde von verschiedenen Hierarchien mit „Gewändern“ versehen) und der Affe wurde nach dem Ebenbild des Menschen geformt (Sex zwischen Mensch und Tier). Und doch gibt es keinen extrakosmischen Schöpfer, wie die Bibel uns glauben machen will.

In „Irrtümer des Darwinisums“ lesen wir von Dr. C. R. Bree: „Herr Darwin sagt mit Recht, dass der Unterschied im Physischen und noch spezieller im Geistigen zwischen der niedrigsten Form des Menschen und dem höchsten menschenähnlichen Affen enorm ist. Daher muss auch die Zeit - welche in der Darwinschen Evolution fast unfassbar langsam sein muss - enorm lang gewesen sein während der Entwicklung des Menschen aus dem Affen. Daher müsste die Wahrscheinlichkeit, dass einiges von diesen Variationen in den verschiedenen Sanden oder Süßwasser-Formationen über den Tertiären gefunden wird, sehr groß sein. Und doch ist nicht eine einzige Variation, nicht ein einziges Exemplar eines Wesens zwischen einem Affen und einem Menschen jemals gefunden worden! Sind sie mit der Senkung der Erdoberfläche untergegangen und sind sie jetzt vom Meere bedeckt? Wenn dem so ist, dann liegt es außer aller Wahrscheinlichkeit, dass sie nicht auch in jenen Schichten gleichzeitiger geologischer Ablagerungen gefunden werden sollten, welche NICHT auf den Meeresboden hinabgesunken sind. Noch unwahrscheinlicher ist es, dass nicht einige Teile auf dem Meeresbett gelagert sein sollten, wie die Überreste des Mammut und des Nashorns, welche auch in Süßwasserschichten und Sand und Geschieben gefunden werden! ... Der berühmte Neandertal-Schädel, über welchen soviel gesagt worden ist, gehört anerkanntermaßen dieser entfernten Periode (dem Bronze- und Steinzeitalter) an und zeigt doch, obwohl er der Schädel eines Idioten gewesen sein mag, ungeheuere Unterschiede von den höchsten bekannten menschenähnlichen Affen.“ Ende Zitat.

Zur Abwechslung mal was ganz Esoterisches: In jeder neuen Weltenperiode und planetarischen Entwicklung geschieht eine Erneuerung der Formen, Typen und Arten. Der Typus der vorhergehenden organisch-pflanzlichen, tierischen und menschlichen Formen ändert sich und wird in der nächsten Entwicklungsperiode eines Planeten erneuert. Fossilien der alten Entwicklungsperiode wird man da nicht finden. Das Mineral war zunächst ebenfalls astral, dann weich und hat erst in dieser Entwicklungsperiode seine vollkommene Härte erhalten. Hier etwas zum Lachen für Nicht-Esoteriker: Die Steine von heute waren einst weich wie Käse, doch dann immer noch hart im Verhältnis zu den anderen Lebensformen, welche mehr astrale Puddingbeutel waren, etc.

Wenn die Gegner der esoterischen Wissenschaft ausgelacht haben, werde ich dann fortfahren. Also: Die weicheren Bestandteile der Steine vor über 50 Millionen Jahren bildeten das Urmaterial der gegenwärtigen Vegetation, während die astralen Überreste der früheren Vegetation und Fauna bei der Bildung der niederen Tiere sowie bei der Festsetzung des Baus der ursprünglichen Wurzeltypen der höchsten Säugetiere benutzt wurden. Die Form der riesigen astral-protoplasmischen affenähnlichen AUFRECHTGEHENDEN Menschen vor über 300 Millionen von Jahren aber wurde durch Sex mit Tieren vor 9.000.000 von Jahren wieder hervorgebracht. DER NACHWUCHS einer solchen Verbindung sah dann natürlich aus wie sein menschlicher Vater, aber auch wie seine tierische Mutter. Nur wer versteht, dass es vor der physichen Entwicklung auf Erden auch eine astral-transparente Entwicklung gab, wird auch den Inhalt dieses Buches verstehen.

Was Darwins Vererbungslehre anbelangt, so kann seine Theorie nicht stimmen, wenn sie besagt, dass die Keimzelle die Essenz oder der Extrakt aus allen anderen Zellen sein soll. Es ist das GEISTIG-astrale Plasma, welches überlebt und die Keimzelle mit der Information des vorherigen Körpers informiert. Dieses Plasma wechselt, für uns unsichtbar, von einem Körper auf den anderen und „besetzt“ den Keim. Der Mensch besteht aus sieben (siebenfältigen) Schichten, von denen der physische Körper die niederste ist. Man muss auch bedenken, dass die Menschheit ursprünglich eine schattenhafte Form hatte, welche gegeben wurde von den astralen Absonderungen der „Herren des Mondes“, auch Pitris genannt. ERST SPÄTER verdichtete sich diese Form zum Menschen von heute. Doch die höheren Schichten und Auren des Menschen sind von höheren Hierarchien „gemacht“. So ist also, so seltsam dies klingen mag, der Mensch in seiner Zusammenfassung das Kunstwerk verschiedener Geister oder hohen Wesenheiten, die selbst einst Menschen waren und die dem Menschen bzw. der menschlichen Monade nur das geben konnten, was dem jeweiligen Entwicklungsstand der Monade entsprach. Manche dieser hohen

Wesenheiten inkarnierten vollständig in den Menschen, andere gaben ihm nur einen Teil der astralen Substanz.

Nun komme ich zu Haeckel und Huxley und dem von ihnen präsentierten Darwinismus. Thomas Henry Huxley und Ernst Haeckel waren fanatische Darwinisten, obwohl mit Modifikationen auch Transformisten. Sie waren berühmte Lehrer, lehrten mit solch einer Begeisterung, aber eben das Falsche. Sie sprachen während ihrer Vorlesungen mit einem solchen Enthusiasmus, der die Zuhörer immer wieder begeisterte und mit sich riss. Aber sie sprachen eben von Dingen, welche sie nur VERMUTETEN, aber nicht wussten. Ich werde das begründen. Ich beginne mit dem Darwinisten Haeckel. Er war eine wissenschaftlich „gespaltene“ Persönlichkeit, denn einerseits verkündete Haeckel, dass es nichts als leblose Materie im Universum gab und zum anderen sprach er von plastidularen Seelen, den Seelen und Zellen dieser Seelen, als dem „Ausstoß“ der von ihm als leblos angesehenen Materie.
Auf dieser verwirrenden bzw. verwirrten Grundlage baute Haeckel seine Theorie über die Vergangenheit und den Ursprung des Menschen auf. Es sind jedoch reine Erfindungen, welche wissenschaftlich überhaupt nicht belegt sind. Ich gebe ein Beispiel. In seinem 1898 veröffentlichten Buch *„The last link“* {Das letzte Bindeglied} teilt Haeckel die evolutionäre Geschichte des Menschen in 26 Stufen. Die zwanzigste nennt er „Lemuravida“ oder „plazentale Säugetiere.“ Niemand hat je zuvor von solchen Tieren gehört und nie wurden sie gefunden, so wie Haeckel sie beschrieb. Er hatte sie, wie Professor Frederic Wood Jones ja auch selbst schrieb „nur erfunden, um eine Lücke in der Evolution zu füllen.“

Huxley war in etwa von gleichem Typus wie Haeckel, nur dass er mehr an eine zielgerichtete Evolution glaubte und sie lehrte, also dass der höchste Typus der Entwicklungsstufe zum niedersten des nächstfolgenden höheren Typus evolvierte. Sein gesamtes Lebenswerk hat er dieser Theorie und deren Verbreitung gewidmet. Die Lektüre dieses Buches würde ihn sicher wie ein Propeller im Grab herumdrehen lassen. Auch der gute Huxley war ständig auf der Suche nach „fehlenden Bindegliedern“, ER MUSSTE es ja auch sein, wenn seine Theorie Sinn machen sollte. Dieses Bindeglied suchte der Professor in der Ähnlichkeit zwischen dem Menschen und den Arten unter ihm. Was er fand waren aber UNÄHNLICHKEITEN und fundamentale Unterschiede zwischen dem Menschen und den Arten unter ihm. Die überging der Professor einfach, weil ja nicht sein kann, was – seiner Meinung nach – nicht sein darf. Huxley und Haeckel teilten das Schicksal so vieler in eine Idee oder Theorie verrannten und vernarrten Wissenschaftler: Sie akzeptierten, was gut war für ihre Theorien und verkündeten dies lautstark, zugleich aber ignorierten sie einfach jene Funde und Erkenntnisse etc., welche ihrer Theorie im Wege standen oder ihr widersprachen. So klammerten sich Huxley und Haeckel verzweifelt an jede von einem Wissenschaftler angeblich präsentierte „Ähnlichkeit" zwischen dem Menschen und der Art unter ihm. Der Franzose de Buffon z.B. schrieb, dass der Körper eines Orang Utan sich weniger vom Menschen unterschied als von den anderen Tieren, die man Affen nannte, also z. B. von den Monkeys. Das war ein gefundenes Fressen für Huxleys Darwinismus. In *„Man's Place in Nature"* schreibt er 1936: „Die strukturalen Unterschiede, welche den Menschen von dem Gorilla und dem Schimpansen trennen, sind nicht so groß und gravierend als solche Unterschiede, welche den Gorilla von den niederen Affen trennen." Ende Zitat.

Dem widerspreche ich vehement. Ich sage, dass nahezu JEDER KNOCHEN im Orang Utan verschieden von dem des Menschen ist. Man muss nur genau hinsehen. Darwin, Haeckel und Huxley verfehlen also zu erklären, wie es vom evolutionären Standpunkt zu der Masse biologischer Phänomene kommt. Ich sage, dass Darwins, Haeckels, Huxleys und Spencers „natürliche Zuchtwahl" sowie „das Überleben der Tauglichsten" nur unwesentliche, sekundäre Operationen der Natur sind. Auch ist „Transformismus", wie von vielen Gelehrten gepredigt, keine Evolution und auch völlig unwissenschaftlich, weil auf zu wenig Daten gestützt. Professor Lous Trenchard More, Universität Cincinnati, hat folgendes über Darwins Theorie zu sagen. Ich zitiere aus *„Mans nature"*:
„Die Darwinsche Theorie ist völlig unzulänglich und kann nicht das Erscheinen neuer Spezies erklären, auch kann sie nicht die Ursache der Variationen erklären. Daher sind wir gezwungen, diese Theorie der Evolution auf gut Glauben zu akzeptieren." Dr. Coulter z.B. macht klar, dass Darwinismus und Evolution einfach nicht miteinander übereinstimmen. Und noch einmal betone ich, dass nicht alles, was Darwin gelehrt hat, falsch ist. Viele seiner Forschungsergebnisse, das Verhalten der Tiere etc. betreffend, sind absolut korrekt und sehr wertvoll und führen sogar, wenn im rechten Licht betrachtet und beurteilt, zu dem Ergebnis, dass der Mensch NICHT von einem frühen Affen abstammt, wie Darwin meint, sondern dass eben das Umgekehrte der Fall ist, nämlich dass der Affe vom Menschen abstammt, und dass der Mensch an der Spitze

und am ANFANG der Evolution der jetzigen Lebensformen steht und NICHT an deren Ende.

Eines noch: Wann immer ich den Begriff „Primaten“ verwende, dann meine ich damit natürlich die höheren Tiere, anthropoide Affen, Monkeys und natürlich auch den Menschen.

Eine Theorie ist so gut wie die andere. Wenn etwas keinen Sinn macht, dann muss man es wieder verwerfen und neue Wege gehen oder suchen.
Friedemann Schrenk aus Frankfurt, einer der berühmtesten Paläoanthropologen der Welt, schreibt: „In der Paläoanthropologie können keine Richtig-Falsch-Antworten erwartet werden, sondern nur Hypothesen.“
Wer entscheidet nun, welche Theorie die richtige ist, wenn selbst „Fachleute“ unterschiedlicher Meinung sind, ein und dieselbe Theorie betreffend? SIE, lieber Leser, müssen diese Entscheidung treffen, indem sie die verschiedenen Theorien vergleichen und sich dann fragen: Macht dies Sinn oder nicht?
Alsdann, los geht's:

Der Mensch existiert bereits seit über 100 Millionen von Jahren. Er war zuerst von riesiger Größe und androgyn geschlechtslos und reproduzierte sich asexuell (wie auch heute noch die Zellen unseres Körpers) durch SELBSTTEILUNG und durch andere in diesem Buch beschriebene Methoden, jedoch zunächst immer asexuell. Millionen von androgynen Menschen teilten sich vor etwa 18 Millionen Jahren in Männer und Frauen. Von da an sexuelle Reproduktion. Alle Tiere, vor allem die SÄUGETIERE, stammen vom Menschen ab.

DAS ALTER DER ERDE

Die Erde ist etwa 2 Milliarden Jahre alt und wird noch über 2 Milliarden Jahre bestehen. Alle Berechnungen der orthodoxen Wissenschaft, das Alter der Erde betreffend, sind falsch, da sie auf die Prämisse der Halbwertzeit bzw. dem radioaktiven Zerfall der Atome oder Isotope aufbaut. Der Zeitpunkt des Zerfalls eines einzelnen Radionuklids ist nicht vorhersagbar. Erst beim Vorhandensein einer großen Zahl von Radionukliden lassen sich gesetzmäßige Wahrscheinlichkeiten für Kernumwandlungen innerhalb eines bestimmten Zeitintervalls angeben. Eine bekannte Größe ist die Halbwertzeit (Karbon-14 und

Potassium-Aragon-Methode etc.). Damit wird die Zeitspanne bezeichnet, nach der die Hälfte der zerfallsfähigen Kerne umgewandelt wurde. Die Halbwertzeiten von Nukliden sind unterschiedlich und reichen von Bruchteilen von Sekunden bis zu mehreren Milliarden Jahren. Doch nun kommt der Denkfehler der augenblicklich herrschenden Schulwissenschaft: Man geht davon aus, dass die Radioaktivität auf Erden in dem Augenblick begann, als die Erde geformt war und dass diese radioaktive Zerfallsrate bis heute unverändert fortbesteht. Dies stimmt darum nicht, weil die Erde und ihre Lebensformen, wie bereits erwähnt, zunächst ASTRAL-TRANSPARENT waren. Diese Formen verdichteten sich bis vor etwa 9 Millionen Jahren. Erst von DORT an zerfiel die materielle Struktur wieder durch den Vorgang der RADIOAKTIVITÄT. Radioaktiver Zerfall ist ÄTHERISIERUNG der Materie. Es gab also erst seit 9 Millionen von Jahren einen radioaktiven Zerfall auf Erden und in den Lebensformen. Weil dies so ist, sind die orthodox-wissenschaftlichen Daten der geologischen Perioden auf Erden weit überzogen. Die korrigierten Daten sind im *BUCH DES LICHTS*, im *SINN DES LEBENS Band I und II* sowie in der nachfolgenden Tabelle angegeben.

Hier eine kleine tabulare Zusammenfassung:

EPOCHE	JAHRE
PRIMORDIALZEIT (Ordovizium, Kambrium, Silur)	171 200 000
PRIMÄRZEIT (Devon, Karbon, Perm)	103 040 000
SEKUNDÄRZEIT (Trias, Jura, Kreide)	36 800 000
TERTIÄRZEIT (Eozän, Miozän, Pliozän)	7 360 000
QUARTÄRZEIT (bis heute)	1 600 000

Gesamtzeit seit Beginn des Primordial bis heute: 320.000.000 Jahre

Verglichen mit den Zeitperioden der heutigen orthodoxen Wissenschaft würde es dann so aussehen:

Esoterische Wissenschaft | **Orthodoxe Wissenschaft**

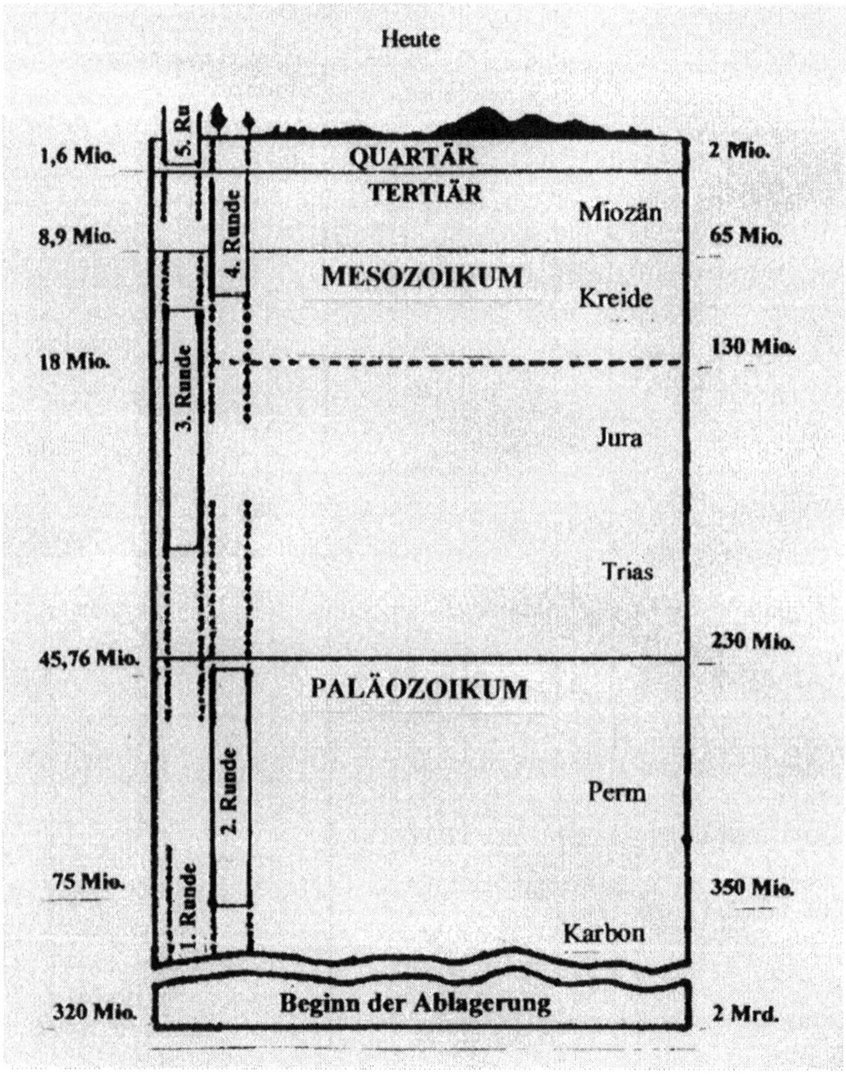

MENSCH, FAUNA UND FLORA WÄHREND DIESER GEOLOGISCHEN EPOCHEN

PRIMORDIALZEIT (Ordovizium, Kambrium, Silur) vor 320.000.000 Jahren

Hohe Astralwesen, welche uns später ihre Astralkörper gaben bzw. einen Teil davon. Dieser Zeit gingen 200.000.000 Jahre vegetabilen Lebens auf der Astralebene voraus. Die zoologischen Überreste dieser Formen sind es, welche jetzt auch in den sogenannten laurentischen, kambrischen und silurischen Systemen gefunden werden. Sie sind viel älter als die Geologen annehmen, denn diese Formen waren anfangs astral-transparent und materialisierten sich pari passu mit der neuen Vegetation.

Protoplasmische Protein-Strukturen (noch) ohne Nerven, Muskeln und Organe

Reproduktion durch Absonderung von Plasmamasse, welche zu neuen „puddingbeutelartigen“ Strukturen heranwächst

Reproduktion durch Wegspritzen von sporenartiger Substanz, welche dann zu neuen riesigen Strukturen heranwächst

PRIMÄRZEIT (Devon, Karbon, Perm)
vor etwa 140.800.000 Jahren

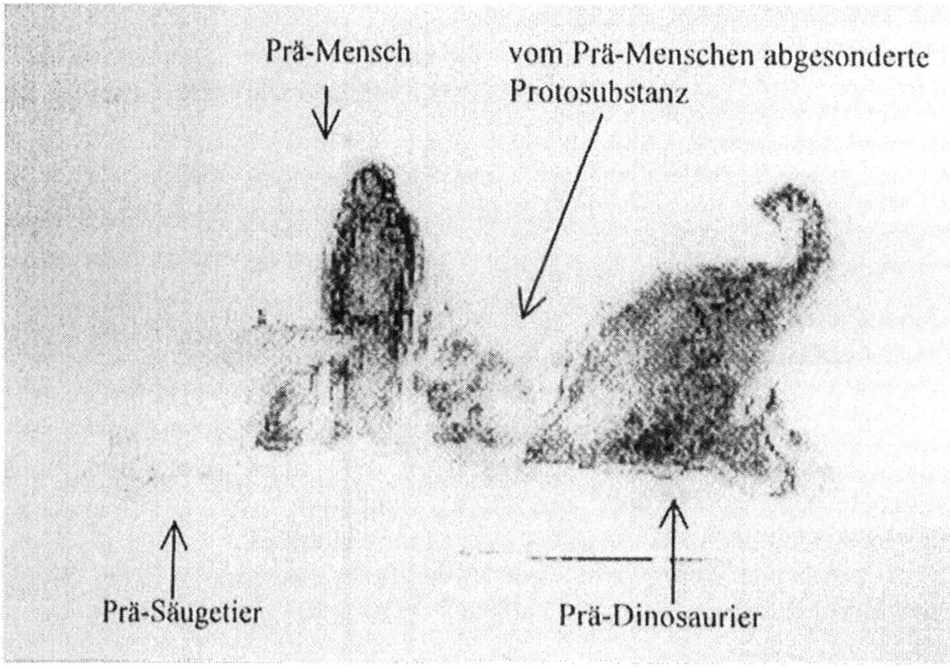

Die höheren Astralwesen sondern Substanz ab, welche sich in die Astralmenschen, die Urahnen des Menschen von heute, entwickelt. Es folgt eine unendliche Menge von Modifikationen. Die Astralmenschen sondern astral-transparente Substanz ab, welche sich in die zunächst astralen, dann protoplasmischen geschlechtslosen Prä-Säugetiere und Saurier sowie alle anderen Lebewesen (Fauna und Flora) entwickelt.

80.000.000 v. Chr. Primärzeit (Perm)

Die Selbstgeborenen transformierten sich in die Schweißgeborenen. Der Mensch sondert mehr (immer noch geschlechtslose) Säugetierarten von sich ab. Schweißgeborene Menschen geben Tropfen einer Substanz ab, die sich vermehrt und nach vielen Transformationen in menschenähnliche Körper verwandelt. Manche Menschentypen haben Gesichter wie Hunde, andere haben ein Auge oder drei Augen oder sind ohne Kopf, mit Augen auf der Brust, wieder andere haben Gesichter wie Fische etc. Einige Tropfen dieser Prä-Eiweiß-Substanz wachsen und bilden gewaltige Eier. Alle diese Formen sind immer noch latent zweigeschlechtlich und enthalten weder Nerven noch Muskeln noch innere Organe. Sie transformieren allmählich (verursacht durch den monadischen Einfluss) in ...

... Ei-geborene androgyne Menschen und Tiere mit mehr und mehr zweigeschlechtlicher Tendenz. Heutzutage vollzieht sich derselbe (Ei-geborene) Vor-

gang in der weiblichen Gebärmutter, denn auch das Embryo ist ja zunächst ein Ei oder ist enthalten in einer eiförmigen Struktur.
Erstes Erscheinen von weicher eiweißhaltiger, später knochenähnlicher Struktur, einschließlich Ansätze innerer Organe, Nerven, Muskeln usw. Sie brechen durch die Schale und verwandeln sich in...

50.000.000 v.Chr. Sekundärzeit (Trias)
Die Rasse der „Adam-Eva" (zwei in einem Körper)

... androgyn-zwittergeschlechtliche Menschen und auch Tiere mit zwei Wirbelsäulen und einem Auge, abwohl es auch viele andere Kombinationsmöglichkeiten gab. Diese Menschen waren koexistent mit den Dinosauriern und von ungefähr gleicher Größe: etwa 30 Meter.
Ort: Lemurien (heute: Tibet, Mongolien, Gobi-Wüste, Chittagong-Harwar, Assam, Südindien, Ceylon, Sumatra, Madagaskar, Australien, Tasmanien, Teapy oder Osterinsel und weiter hinein bis in den pazifischen Ozean).

Die zweigeschlechtlichen Tiere entwickeln (eher als die Menschen) allmählich zwei Augen, das „dritte Auge" verkümmert zu einer Drüse, der heutigen Zirbeldrüse. Tiere zu Wasser, zu Land und in der Luft beginnen sich (eher als der Mensch) in männliche und weibliche Geschlechter zu teilen. Beginn der sexuellen Fortpflanzung.

SEKUNDÄRZEIT (Trias, Jura, Kreide) vor 45.760.000 Jahren

Alle Formen werden dichter, doch der Mensch ist immer noch astral-protoplasmisch. Wie sich die Astralkörper verdichten? Nun, etwa so wie Wasser zu Eis wird und doch immer noch aus demselben Element besteht.
Die Tiere haben sich bereits in Geschlechter geteilt, der Mensch ist immer noch androgyn geschlechtslos und reproduziert sich durch Selbstteilung etc.

Einige Tiere des Sekundär

VOR 19.000.000 JAHREN

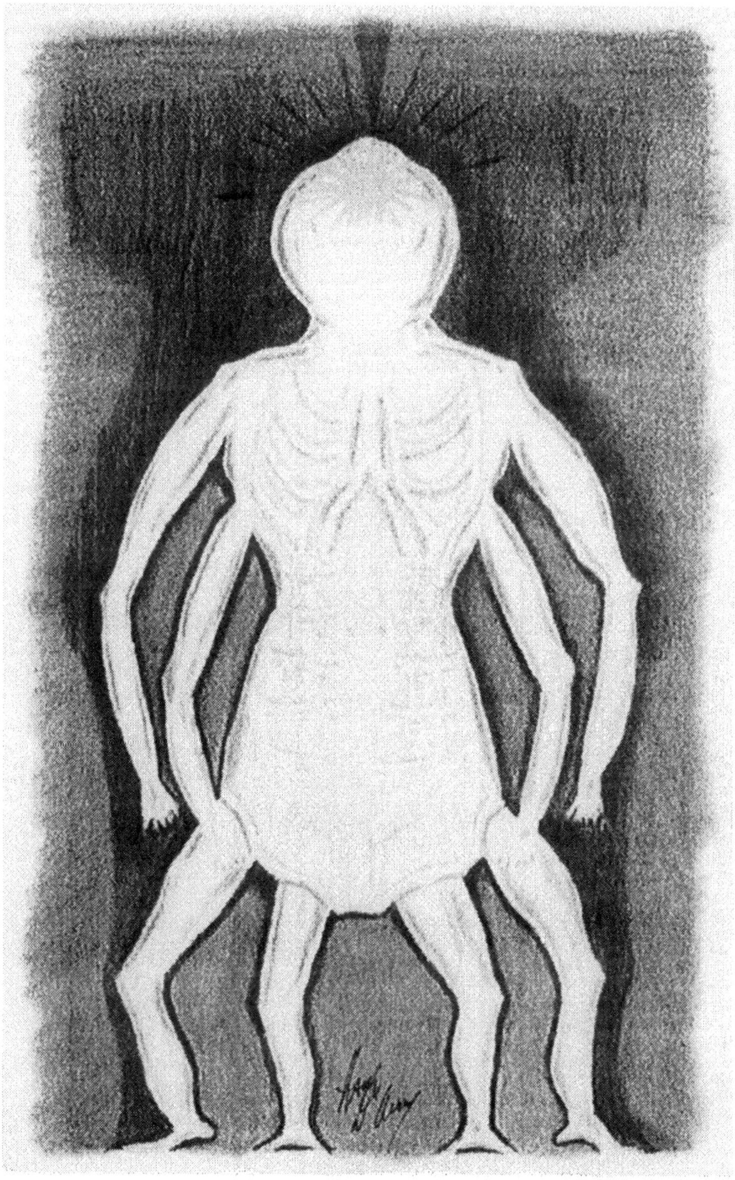

Skelett eines androgynen Menschen
(nur eine von vielen Variationen)

VOR 18.000.000 JAHREN

Die Menschen haben sich nun verfestigt zu nahezu dichten Proteinstrukturen. Die zuvor androgynen, doch potenziell hermaphroditischen Menschen teilen sich in Geschlechter und reproduzieren von nun an geschlechtlich.

Und nun aufgepasst, liebe Darwinisten!

VOR 9.000.000 JAHREN

Der affenartig aussehende, jedoch AUFRECHT gehende Mensch hat Sex mit Tieren. Dies führt zu den Vorfahren der Affen von heute.

TERTIÄRZEIT (Eozän, Pliozän, Miozän)
vor 8.960.000 Jahren

Menschen sowie Fauna und Flora schrumpfen allmählich zu der Größe von heute. Die göttlichen Hierarchien entschwinden der Sicht des Menschen. Nur einigen wenigen (Priester) ist es vergönnt und bestimmt, mit den göttlichen Hierarchien zu interagieren. Später entartet das in die Gebete, Rituale und Religionen von heute, welche den Zweck erfüllt haben, wenn die Götter uns wieder erscheinen.

Die Atlantischen Kriege...

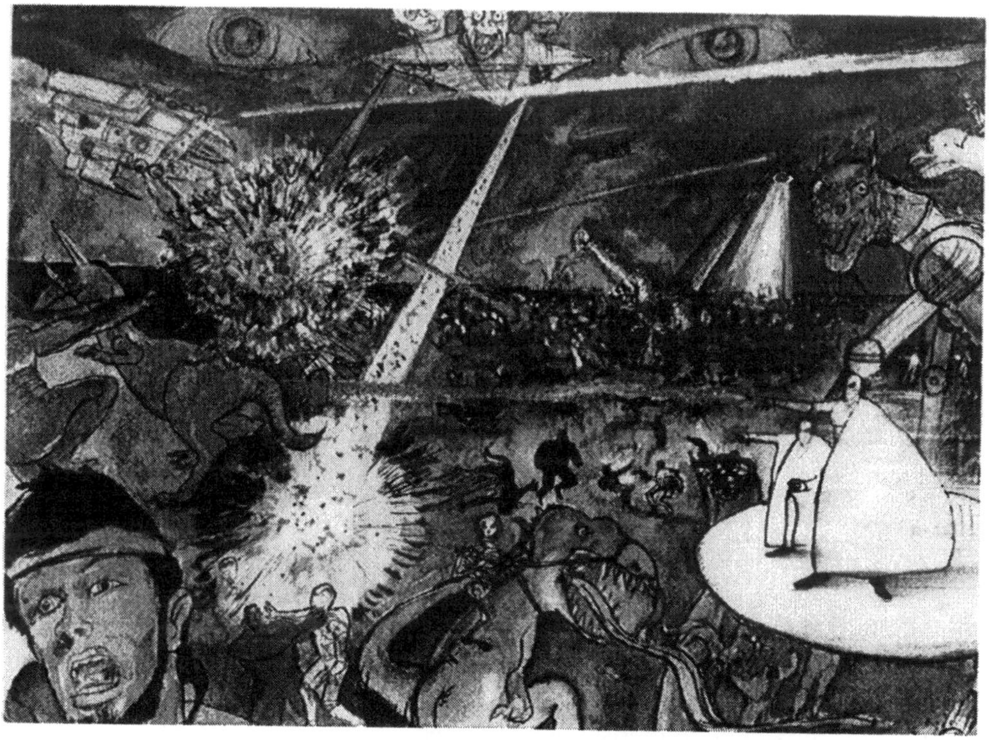

führen zum....

UNTERGANG VON ATLANTIS

Die Koninente sanken Stück für Stück, bis das letzte Teilstück des atlantischen Kontinents vor ca. 12.000 Jahren versank (Lage: etwa 40. Längengrad West / 30. Breitengrad Nord). Bis dahin gab es technisch höchstentwickelte Zivilisationen auf Erden Seite an Seite mit sogenannten „Urmenschen", von denen die meisten nichts anderes waren und sind als degenerierte Abkömmlinge einer einst höchstentwickelten menschlichen Rasse.

QUARTÄRZEIT vor 1.600.000 Jahren (bis heute)

Menschheit von heute

Die genauen Daten über die geologischen Epochen und ihre Lebensformen etc. finden Sie auf dem Poster

URSPRUNG UND ENTWICKLUNG VON MENSCH, TIER UND PFLANZE AUF ERDEN

WEITERE BEWEISE FÜR DEN ARCHAISCHEN URSPRUNG DES MENSCHEN

Der Mensch als Körper gehört eindeutig zur Tierwelt, und doch bedeutet dies nicht, dass der Mensch sich aus dem Tier entwickelt hat. Im Gegenteil, was ich damit sagen will ist, dass die Tierwelt sowie auch sogar die Pflanzenwelt dem Menschen entstammt, es sind dies protoplasmische „Ausdünstungen" des frühen androgynen Menschen vor über 300 Millionen Jahren. DER MENSCH ist das primitivste, weil ÄLTESTE Lebewesen auf Erden, und darum ist er eben auch das AM HÖCHSTEN ENTWICKELTE Lebewesen unseres Planeten, einfach auch deshalb, weil er am meisten Zeit hatte sich zu entwickeln, nämlich auf der Ebene, die dem Menschen gemäß ist, auf der geistig, psychisch-moralischen Ebene. Darum fand auch keine große Veränderung in der äußeren Struktur und Form statt, wenn man einmal davon absieht, dass der Mensch sowie Fauna und Flora vor vielen Millionen von Jahren RIESIG waren und der Mensch heute im Vergleich dazu ein Zwerg an Körpergröße ist. So konnte der Mensch also im Laufe der Jahrmillionen die INNEREN Organe entwickeln, welche ihm die Macht gaben seine inneren Fähigkeiten zu entwickeln. Im Tier dagegen ist das Potenzial von allem noch SCHLUMMERND. Auch die Tiere haben dieselben Fähigkeiten zur menschlichen Evolution, doch die Zeit für die Tiere ist noch nicht gekommen. Noch haben die Tiere die INNEREN Organe (Gehirn etc.) nicht entwickelt, um der Wesenheit eine Entwicklung dieser höheren geistigen Kräfte zu ermöglichen. Was Darwin und die meisten anderen Wissenschaftler nicht wissen und vielleicht nicht wissen können, ist, dass der wichtigste Faktor in der Evolution der Lebewesen DIE WESENHEIT SELBER ist und nicht deren Form. Die Hülle wird immer und immer wieder abgestoßen, bis DIE WESENHEIT von innen nach außen ihr maximales Potenzial entwickelt bzw. evolviert hat, und DAS ist dann EVOLUTION. Der Mensch ist den Tieren überlegen wegen seines INNEREN Fortschrittes, obwohl man bei vielen Menschen den Eindruck hat, dass jedes Tier noch weiter entwickelt ist als der Mensch nach dem Motto „Der Mensch benutzt das Denken nur allein, um tierischer als jedes Tier zu sein." Doch bezahlt der Mensch diese bewusst falsche Anwendung des Denkens mit entsprechendem Karma. Man mag sich nun fragen, was hat denn DAS TIER getan, um so zu leiden, wie viele Tiere es heute tun? Die Antwort dazu liegt in der Esoterischen Anthropologie verborgen, welche lehrt, dass das Tier ja VOM MENSCHEN abstammt und somit da schon entsprechend karmisch belastet ist.

Nun höre ich schon die empörten Aufschreie der Darwinisten und Neo-Darwinisten: „Wenn Darwin irrt, dann erkläre man doch bitte die Ähnlichkeit des Baues zwischen den beiden. Warum sind Mensch und Tier körperlich von einem und demselben Typus oder Muster? Warum gibt es rudimentäre Organe im Menschen, also Spuren früherer Organe, welche jetzt atrophiert sind, da sie nicht mehr gebraucht werden? Gebraucht werden, so argumentiert man, diese Organe nur noch von einem tierischen Lebewesen. Dazu sage ich, und das werde ich im Folgenden beweisen, dass es eine derart behauptete Ähnlichkeit zwischen Mensch und Affen überhaupt nicht gibt, ganz im Gegenteil. Die Unterschiede zwischen dem Bau des menschlichen Körpers und jenem des höchsten menschenähnlichen Pithekoiden sind sogar GANZ BETRÄCHTLICH. Nehmen wir nur den Gorilla. Da ist JEDER KNOCHEN verschieden von dem des Menschen. Es gibt nicht eine einzige Zwischenform, welche die Lücke zwischen Menschen und Affen ausfüllen könnte. Schon de Quatrefagues tippte richtig, wenn auch von ihm halb ironisch gemeint, wenn er sagte, dass „der Affe eher eine Abstammung vom Menschen für sich in Anspruch nehmen kann als umgekehrt."
Man bedenke: Der Mensch entwickelt sich auf intellektueller Ebene mit dem Alter, der Affe wird tierischer. In seiner Jugend ist der Affe viel intelligenter und gutartiger, im Alter dagegen wird er unbeholfener, sein Schädel tritt zurück und sein Wachstum scheint sich zu verringern. Mit jedem Tag entwickelt sich der Affe zu seinem tierischen Elterntypus zurück, in der Jugend gleicht er mehr dem MENSCHLICHEN Elterntypus. Das ist so, weil eben der Affe das Produkt von Mensch und Tier ist. Dann bedenke man noch folgendes: Die Theorie der beständig fortschreitenden Entwicklung (Pfaff) trifft nicht zu, wenn man bedenkt, dass der Gibbon, ein menschenähnlicher Affe, seit der Tertiärzeit immer noch auf derselben niedrigen Stufe steht, während der Mensch der End-Eiszeit auf derselben hohen Stufe wie heute war. Dies bedeutet, dass der Affe sich dem Menschen nicht mehr genähert hat und der moderne Mensch sich nicht weiter vom Affen entfernt hat als der erste (fossile) Mensch. Ich zitiere Vogt, nach dem das durchschnittliche Gehirn des Australiers 99,35 Kubikzoll misst, jenes des Gorilla 30,51 Zoll und jenes des Schimpansen nur 25,45 Zoll. Der Verteidiger oder Verfechter der „natürlichen Zuchtwahl" möge mir zeigen, wo und wie er diese Kluft überbrücken will. Gerade WEGEN des Typus seiner Entwicklung kann der Mensch weder von einem Affen noch von einem dem Menschen und Affen gemeinsamen Ahnen abstammen, sondern eben von einem VIEL HÖHEREN TYPUS als er selbst (der

Mensch) es ist. Dieser Typus wird im *BUCH DES LICHTS* beschrieben. Die Pithekoiden, der Orang Utan, der Gorilla und der Schimpanse hingegen stammen von einer vertierten, jedoch AUFRECHT GEHENDEN menschlichen Rasse ab, die vor vielen Millionen von Jahren Sex mit Tieren hatten. DIES verursachte die Ahnen der Anthropoiden, also Affen etc. Der Affe ist das Erzeugnis des Menschen und einer ausgestorbenen Säugetierart des Miozän. Die entfernten Ahnen dieser Säugetierart waren selbst das Erzeugnis lemurischer Bestialität (Sex zwischen Mensch und Tier). Ich rufe es kühn heraus: „Alle Formen, welche jetzt die Erde bevölkern, sind Variationen von Grundtypen, die ursprünglich vom Menschen vor vielen Millionen von Jahren ausgestoßen wurden. Diese Grundtypen waren gering in Zahl, wenn man sie mit der Vielheit der Organismen vergleicht, deren Ursprung sie nichtsdestotrotz waren. So ist eine Einheit des Typus durch die ganzen Zeitalter hindurch erhalten geblieben. Und was die so oft von Darwin erwähnten „rudimentären Organe" im Menschen betrifft, so sage ich dazu folgendes: DER MENSCH enthält alle Möglichkeiten der Evolution in sich. Dies schließt auch Organe ein, die der Mensch selbst gar nicht braucht oder entwickeln muss. Die Tiere und Affen, welche alle vom Menschen abstammen, benötigen für IHRE Entwicklung solche Organe, die im Menschen nur „rudimentär" sind, sehr wohl und entwickeln sie daher auch. DER MENSCH ist die Fundgrube aller Formen in der Natur. Und nun sage ich etwas sehr Gewagtes, was nur von dem verstanden werden kann, der auch *DAS BUCH DES LICHTS* liest bzw. gelesen hat. Vor der physischen Entwicklung auf Erden gab es eine ASTRALE transparent-schattenhafte Entwicklung oder Evolution. Diese astrale Evolution enthielt Formen, die heute unserem Auge nahezu unsichtbar erscheinen würden. Und doch existierten sie. Es sind die Amphybien, Vögel, Reptilien und Fische, welche in der ASTRALEN HÜLLE DER ERDE als astrale Formen aufbewahrt waren und dann zu physischen Fossilien in den ersten laurentischen Felsen wurden. Darum sind diese Fossilien WEITAUS ÄLTER als unsere Paläontologen es sich wohl je träumen lassen. Was die PHYSISCHE Epoche der Erde anbelangt, so kann man sagen, dass die Säugetierfauna vom (zunächst geschlechtslosen) MENSCHEN „ausgestreut" wurde bzw. ihm (seiner Substanz) entstammt. Die Evolutionslehre kann NICHT die metaphysischen Arten betreffen, welche in der astralen Epoche existierten, einer Epoche, die vor einigen hundert Millionen von Jahren auf einer - dann ebenfalls noch astral-transparenten Erde - stattfand.

Die embryonalen Ähnlichkeiten von Mensch und Beuteltier der triassischen Felsen der Sekundärzeit ist dadurch zu erklären, dass auch die Beuteltiere NACHMENSCHLICH sind, denn, so sage ich, „der Mensch trägt notwendigerweise die Züge der Gruppe, deren Ursprung er ist bzw. war." Ich wiederhole: DER MENSCH trägt notwendigerweise in sich die Züge der Gruppe, deren URSPRUNG er war.

Nun zu den Kiemenspalten beim menschlichen Fötus, die das Stadium repräsentieren, welches den Kiemen der Fische entspricht. Darwin schreibt: „In dieser Periode verlaufen die Arterien in bogenförmigen Ästen, als ob sie das Blut zu den Kiemen führen wollen, welche bei den höheren Wirbeltieren nicht vorhanden sind, obwohl die Spalten an der Seite des Halses noch zurückbleiben und ihre frühere Lage andeuten." Ich füge hinzu, dass selbst Kinder manchmal noch mit solchen Kiemenspalten geboren werden. Und zwar deshalb: Die irdischen Tierformen vor einigen hundert Millionen Jahren sind ebenso auf den damaligen Menschen, der sie abgestoßen hat, zurückzuführen wie der Säugetierstamm auf die Menschheit nach dieser Epoche. Die Stufenleiter des Typus wird in einem evolutionären „Crash-Kurs" (neun Monate) in Utero durchlaufen. Mehr dazu noch später. Wenn Kinder also tatsächlich einmal mit einem Schwanzanhange geboren werden, dann ist dies ebenso erklärbar wie die Tatsache, dass der Schwanz im menschlichen Fötus in einer Periode die doppelte Länge der in Entstehung begriffenen Beine hat. DER MENSCH enthält in sich die Möglichkeit eines jeden für das tierische Leben nützlichen Organs. Darwinisten definieren gewisse abnormale Bedingungen dann als „eine Rückkehr zu Formen der Vorfahren". Dies ist in der Tat so, aber der Vorfahr ist in jedem Falle immer der Mensch.

DAS ALTER DES MENSCHEN

Ich lasse jetzt mal die Schätzungen von Männern der Wissenschaft wie Croll, Gabriel de Mortillet, de Quatrefages, Charles Lyell, Huxley, Haeckel u.a. beiseite und präsentiere nur Darwins Theorie dazu und dann meine These.

Aufgepasst, liebe Darwinisten. Wenn ihr die angeblichen Vorfahren des Menschen bis in Eozänzeitalter zurückversetzt, dann habt ihr ein Problem, denn kein fossiler anthropoider Affe und schon gar nicht der dem Menschen und dem Pithekoiden zugeschriebene gemeinsame Ahne erscheint in den eozänen Schichten. Das erste anthropoide Affenfossil erscheint in eurem Miozän. Selbst wenn fossile Skelette des Menschen in den eozänen Schichten gefunden wer-

den sollten, aber kein eozäner Affe, dann genügt dies schon, um den Menschen VOR den Affen zu stellen.
Darwin sagt ganz richtig, dass „die vorhergegangenen 140 Millionen Jahre kaum als hinlänglich betrachtet werden können für die Entwicklung der verschiedenen Lebensformen, welche sicherlich gegen Ende der kambrischen Periode existierten“. Wie wahr. Da der älteste paläolithische Mensch noch keine merkbare Abweichung von seinen modernen Nachkommen zeigt, ist ein hohes Alter für den Menschen unerlässlich, wenn man Darwins Evolutionstheorie folgen will. Darwins eigene Lehre beisst sich somit in den Schwanz. Selbst nach DARWIN habe ich Recht und er nicht. Meine These ist nun so kühn und revolutionär, dass man sie gar nicht oft genug betonen und wiederholen kann:
ALLE SÄUGETIERE sind ein NACHMENSCHLICHES Produkt von vor einigen hundert Millionen von Jahren. Die unnatürliche Vereinigung von Mensch und Tier jedoch, welche den Urahnen des heutigen Affen erzeugte, war DAMALS fruchtbar, weil die damaligen Säugetiertypen näher an ihrem Wurzeltypus waren. Dieser Wurzeltypus war der zunächst ASTRALE Mensch. Es gab also da noch keine Schranke.
Dann, im Laufe der Jahrmillionen, verfestigte sich die noch halb-astrale Form der damaligen Menschen, aber auch ihrer Nachkommen, mit weiblichen Tieren erzeugt. Es waren dies gewaltige menschenähnliche Ungetüme, eben die Nachkommenschaft von Mensch und Tier. Dies Ungetüme hatten natürlich auch Sex mit ihresgleichen. Sie schrumpften im Laufe der Evolution, nahmen an Größe ab und kulminierten in den Affen der Miozänperiode. ERNEUT wiederholten niedrig entwickelte ATLANTISCHE Menschen (obwohl die atlantische Rasse auch HOCHENTWICKELTE Menschen kannte) die Sünde der „Gemütlosen“, dieses Mal aber waren die Menschen voll verantwortlich. Dies führte zu den Ahnen der als Anthropoiden bekannten Affen von heute. Selbst heute berichtet ja die medizinische Wissenschaft von Fällen von Missgeburten, erzeugt von menschlichen und tierischen Eltern. Doch ist eine solche Entwicklung heute recht selten, weil die Rassen bzw. Arten heute viel weiter voneinander entfernt sind als sie es damals waren. Endlich haben sich unsere Wissenschaftler von den Fesseln der Religion freigemacht und verwerfen die Idee, dass der liebe Gott das Ganze vor etwa 10.000 Jahren erschaffen hat. Doch nun neigen unsere lieben Anthropologen zum anderen Extrem und versuchen die Natur rein MATERIALISTISCH zu erklären, nämlich die Ableitung des Menschen vom tierischen Affen herzuleiten. Blavatsky schrieb einmal in ihrer „Geheimlehre“:

„Die Darwinistische Anthropologie ist der Alp des Ethnologen, ein derbes Kind des modernen Materialismus, das aufwuchs und zunehmende Kraft erlangte, so wie die Albernheit der theologischen Legende von der „Schöpfung" des Menschen mehr und mehr offenbar wurde." Ende Zitat.
Dieses Buch wird die anatomische Ähnlichkeit zwischen Mensch und den höheren Affen erklären und beweisen, dass Darwin irrt, wenn er daraus den Schluss zieht, dass Affe und Mensch einen gemeinsamen Ahnen haben, es sei denn, Darwin meint den HIMMLISCHEN Menschen, einst gottgleiche Wesen, welche „fallen" MUSSTEN, um als immer aufrechtgehende Lebewesen durch die physische Entwicklung hindurch zu gehen.
DER MENSCH ist das älteste Lebewesen auf Erden - dies wird sogar von der Bibel bestätigt, man muss sie nur richtig verstehen. In 2 Genesis 2 erschafft Gott den Menschen, und in 2 Genesis 19 erschafft Gott die Tiere und bringt sie vor Adam, damit er sie benenne. Die „Tiere" in 1 Genesis sind TIERKREISZEICHEN, doch dies versteht nur, wer *DAS BUCH DES LICHTS* liest.
Doch lassen wir einmal die Bibel außer Acht und wenden uns WISSENSCHAFTLICHEN Beweisen zu, welche auf das hohe Alter des Menschen auf Erden hindeuten.

DER MENSCH ist das älteste Wesen auf Erden.
Um das zu beweisen, muss ich etwas detaillierter werden in meiner Argumentation, die technischen und biologischen Daten betreffend. Zunächst möchte ich einmal darauf hinweisen, dass sich im Menschen nur jene Organe entwickeln und entwickelten, welche für seine INNERE psychologische und intellektuelle Entwicklung nötig waren, also das Gehirn, das Nervensystem, etc.
Doch zunächst noch folgendes: Immer dann, wenn ich den Begriff „primitiv" verwende, meine ich es nicht im Sinne von degeneriert, sondern eher von SEHR ALT. Der Mensch ist das älteste Wesen auf Erden. ALLES stammt vom Menschen ab, Mineralien, Pflanzen und alle Tiere. Darum nenne ich den Menschen PRIMITIV oder ein PRIMITIVES SÄUGETIER, aber im Sinne von alt oder am ältesten und darum mental-geistig am weitesten und am Höchsten entwickelt.
Sehen wir uns doch noch einmal den menschlichen Schädel an. Die Knochen des menschlichen Schädels artikulieren an der Basis des Schädels und an den Seiten in einer Weise, welche CHARAKTERISTISCH ist für PRIMITIVE (in Sinne von alte) Säugetierformen, aber diese Menschenschädelknochen sind VÖLLIG VERSCHIEDEN von denen der anthropoiden Affen und der Mon-

keys. Eher gleicht die menschliche Schädelstruktur den LEMUREN-Schädeln. Diese Lemuren sind eine eigenartige Gruppe von SEHR ALTEN, also primitiven Säugetieren, welche noch VOR den Monkeys lebten und sich entwickelten. Was können wir nun aus dieser anatomischen Tatsache schließen? Es ist Folgendes: Da die Schädelknochen der Monkeys und Affen so verschieden arrangiert sind wie jene der Menschenschädel und da der menschliche Schädel sehr PRIMITIV ist, darum eben zeigen die Anthropoiden und andere Simiae eine evolutionäre Entwicklung WEG von dem primitiven (menschlichen) Säugetier-Ursprung, den eben der Mensch mit den Lemur-Tieren viel eher repräsentiert.
Man bedenke: Der Mensch ist natürlich physisch gesehen ein AUFRECHT GEHENDES Säugetier, und alle anderen Säugetiere (aufrechtgehend oder nicht) stammen ebenfalls vom Menschen.
Wie steht es nun mit den nasalen Knochen im Menschen? Auch diese sind sehr primitiv bzw. alt in ihrer Einfachheit der Konstruktion. Nicht so bei den Monkeys und anthropoiden Affen, denn diese Tiere zeigen diese Primitivität der Konstruktion nicht. Ich schließe daraus, dass im Falle dieser bestimmten Tiere die evolutionäre Entwicklung WEITER WEG vom (menschlichen) Ursprung stattfand, und zwar den Ahnen des Affen betreffend vor etwa 9 Millionen Jahren, als der Mensch Sex mit Tieren hatte, was den Ahnen des heutigen Affen erzeugte.
Des Menschen Schädelform ist viel primitiver als die des Affen, wobei ich unter primitv ÄLTER verstehe. Man kann die primitive und höher entwickeltere Architektur des menschlichen Schädels auch in den Gesichtszügen selbst sehen. Ich sage: Die Struktur der Rückwand der Augenhöhle, die Form des Jugularis-Knochens, die Zähne usw., sie alle erzählen dieselbe Geschichte, nämlich dass der menschliche Schädel älter ist als alles andere auf Erden und dass die Monkeys und Affen irgendwann einmal aus dieser Linie abstammten. Man sehe sich nur das menschliche Skelett an in allen seinen Variationen an. Es ist der beste Beweis für primitive und urzeitliche Säugetierstruktur. Und was die Muskeln anbelangt, so unter-scheidet sich der Mensch sehr durch seine primitiven Strukturen vom dem Rest der Primaten, die diese Strukturen nicht haben.
Wenn wir uns nun also des Menschen Muskulatur und Skelett ansehen, dann erkennen wir, dass all dies SEHR ALT ist, älter als alle Affen und anderen Tiere auf Erden zusammengenommen. Man sehe sich nur den Pectoralis minor an. Dies ist ein Muskel, der von den Rippen zum Arm läuft. Dieser Muskel ist befestigt am Coracoideus des Schulterblattes. Bei den Anthropoiden aber ist

dieser Muskel nur teilweise mit dem Coracoideus und zum anderen Teil mit einem Ligament verbunden, welches hinunter zum Humerus führt, also zum Knochen des Oberarmes. Bei den Monkeys ist dieser Muskel noch weiter unten am selben Ligament angeheftet, aber auch mit dem Humerus verbunden. Bei vielen Quatrupeden, also Vierfüßlern, ist dieser Muskel nur mit dem Humerus verbunden.

Warum erwähne ich dies so detailliert? Weil nämlich die Herren Paläontologen und Anthropologen immer anatomische und physische Recherchen betreffs der Körper der Lebewesen UNTER dem Menschen anstellen, um so die evolutionäre Entwicklung des Menschen von niedrigeren Arten zu beweisen, während ich behaupte, dass genau das Gegenteil der Fall ist.

Ich gebe ein Beispiel: Die modernen Anthropologen versuchen zunächst skelettale oder muskuläre Gemeinsamkeiten, Variationen oder Analogien zu finden, und zwar zuerst bei den Affen, dann bei den Monkeys, dann bei den Lemuren und dann bei den Quatrupeden. Findet man nun solche Gemeinsamkeiten und Analogien, dann kommt man zu dem Schluss, dass diese Tiere einen Teil der evolutionären Straße bilden, über die der Mensch in seiner Evolution gelaufen ist. Damit wollen die Herren Anthropologen beweisen, dass der Mensch am ENDE einer solchen evolutionären Entwicklung steht, wobei ICH sage, dass der Mensch DER ANFANG und Ursprung einer solchen Entwicklung war und ist. Die Herren Anthropologen irren, wenn sie also folgern, dass der Mensch vom Affen abstammt oder zumindest am Ende einer evolutionären Entwicklung steht beziehungsweise dieses Ende ist. So zu denken, heißt falsch denken, denn ich habe ja dargelegt, dass die Arten VERSCHIEDEN sind. Es gibt eben KEINE existierenden Bindeglieder zwischen den großen Phyla. Außerdem sind ja die niederen Arten weit mehr entlang ihrer eigenen evolutionären Linie entwickelt als der Mensch es ist, wenn man die skelettalen und muskulären Linien in Betracht zieht. Der Mensch wiederum ist weiter entwickelt, was seine INNEREN psychischen und moralischen Fähigkeiten anbelangt. Diese Entwicklung bedarf keiner besonderen skelettalen oder muskulären Entwicklung, sondern eher einer MENTALEN, und dies zeigt sich dann in der weitaus höher entwickelten Gehirnstruktur.

Ich möchte noch einmal auf den Pectoralis Minor Muskel zurückkommen, von dem wir nun wissen, dass er das primitive, weil ältere Anhaftungsprinzip hat, nämlich den Processus coracoideus des Schulterblattes, im Menschen repräsentiert und bei Tieren den Humerus höher „geklettert“ ist. Nun gibt es Transformisten, die argumentieren: Das stimmt, denn in seiner evolutionären Entwicklung ist dieser Muskel im Menschen vom Humerus „hochgeklettert“ und stellt damit den HÖCHSTEN Stand der Entwicklung dar. Doch, lieber Leser, die anatomischen Examinationen zeigen eine ganz andere Realität. Lassen sie mich eines klarstellen: Für DEN MENSCHEN ist seine körperliche Entwicklung sicherlich die im Augenblick höchste oder höchst mögliche, aber für das TIER beginnt eine solche erst. Viele Jahrmillionen werden vergehen, bis gewisse Tierarten aussterben werden, weil ihre WESENHEITEN andere, höher entwickelte Formen inhabituieren wollen und die alten Formen abstoßen.

Nun kommen wir zur menschlichen Zunge. Auch die ist sehr primitiv, das heißt, alt. Und doch ähnelt die Schimpansenzunge sehr der menschlichen. Doch ist die menschliche Zunge um vieles älter als die Zunge der Monkeys oder anthropoiden Affen, eben genau jener Arten, durch die oder von denen, nach Darwin, der Mensch sich entwickelte.

Man sehe sich nur den Blinddarm der Marsupialen oder Beuteltiere Australiens an. Der menschliche Blinddarm ähnelt dem tierischen sehr, wobei er sich sehr von den Blinddärmen der Monkeys und Affen unterscheidet.

Ein weiterer Beweis für die Tatsache, dass DER MENSCH das älteste, primitivste und darum am höchsten entwickelte Wesen auf Erden ist, sind

DIE GROSSEN ARTERIEN

Die großen Arterien verlaufen ja im Menschen von der „arch“, der Aorta, und sind von gleicher Zahl, selber Art und in gleicher Ordnung wie im Falle der meisten primitiven kleinen Tiere von nicht mehr als 18 bis 20 Zoll Länge, wie man sie in Australien und Tasmanien findet, ich meine die Ornithohynchus anatinus, auch unter dem Namen Duckbilled Platypus bekannt. Dieses Tier hat diesen Namen deshalb erhalten, weil einen Schnabel hat, der sehr dem einer Ente gleicht. Es ist dies das niedrigste bekannte Säugetier, denn es hat tatsächlich Brustdrüsen, obgleich ohne Brustwarzen, und doch legt es Eier. Man nennt dieses Tier in Australien auch den Wassermaulwurf (water-mole), und doch ist es kein Maulwurf, sondern eben ein Säugetier der besonderen Art. Wie kommt es nun, dass die Arterien beim Menschen von selber Art und Ordnung sind wie die Arterien bei diesem niedrigen Säugetier, dem Ornithorhynchus anatinus? Die Arterien des anthropoiden Affen und des Monkey sind im Vergleich zu denen der Menschen ganz verschieden. Die Erklärung dafür liegt darin, dass der Ornithohynchus anatinus weit VOR dem Affen existierte und damit auch näher am Menschen angesiedelt ist, von dem er natürlich ebenfalls stammt.

Dieses kleine Säugetier ist ein VIEL FRÜHERES Kind oder eine Absonderung des damaligen Menschen, als es der Affe ist oder war.
Nun zur menschlichen Prämaxilla. Das ist der Knochen, der die Frontzähne trägt. Beim Menschen existiert dieser Knochen NICHT separat, sehr wohl aber bei allen Affen und Monkeys und bei allen anderen Säugetieren. Da der Mensch diesen separaten Zahnknochen nicht hat, würde ein Wissenschaftler ihn wohl als spezielle menschliche Eigenart bezeichenen.
Ich verweise darauf, dass dieser sich bereits als zu unterscheidender Charakter in den frühesten Stadien der embryonalen Entwicklung des Menschen abzeichnet. Dies führt uns zum nächsten Kapitel. Es behandelt

DAS GESETZ DER EMBRYONALEN REKAPITULATION

Haeckel, ein sehr von Darwin beeinflusster Wissenschaftler, postulierte, dass die embryonale Entwicklung (Ontologie) des Menschen und der Tiere eine Rekapitulation der Stammesgeschichte (Phylogenie) der entsprechenden ART darstellt. Dies wird heute zwar von vielen Wissenschaftlern bestritten, doch wohl nur deshalb, weil sie dieses Gesetz nicht richtig verstehen.
Wenden wir dieses Gesetz auf die frühe embryonische Entwicklung im Menschen (die Prämaxilla betreffend) an, dann sind wir gezwungen zu folgern, dass auch in der menschlichen Entwicklung vor vielen Millionen von Jahren bereits eine solche feststehende Prämaxilla oder Zahnknochenanordnung bestanden haben muss, denn: Nach dem Gesetz der embryonischen Rekapitulation geht das Embryo durch die verschiedenen Stadien, durch die DIE ART SELBST hindurchging, während der vorhergegangenen oder vergangenen biologischen Epochen seiner Entwicklung. Man könnte dies eine Wiederholung im Zeitraffertempo von 9 Monaten im menschlichen Uterus nennen; Millionen von Jahren zusammengerafft in 9 Monaten, eine Art essentielle Wiederholung all dessen, was der Mensch in Millionen von Jahren seiner Entwicklung erlebt hat. Dieses Gesetz gilt natürlich auch für ALLE Tiere. Wenn nun das menschliche Embryo eine frühe Entwicklung des dem Menschen so speziellen Zahnknochens bereits früh in Utero zeigt, dann kann man daraus schließen, dass auch DER MENSCH SELBT in seiner frühesten Entwicklung über eine derartige, von den Affen so verschiedene Zahnknochenstruktur verfügt hat und dass der Affe mit seiner so verschiedenen Zahnstruktur lange NACH dem Menschen auf Erden erschienen sein muss. Also: Je früher ein spezifischer Charakter im Embryo auftritt, desto WEITER ZURÜCK in der Geschichte DER ENT-

SPRECHENDEN ART, zu der das Embryo gehört, müssen wir suchen. Erscheinen solche Charakteristika SPÄTER in der embryonalen Entwicklung, dann erschienen sie auch später in der Evolution eben dieser ART. Wenn also der Mensch schon GANZ FRÜH in seiner Entwicklung einen NICHT separaten Zahnknochen hatte, dann kann er gar nicht vom Affen abstammen, da dieser ja eine BEWEGLICHE bzw. SEPARATE Zahnknochen-Struktur hat. Eines kann sich aus dem anderen nicht entwickeln, wenn der Mensch im embryonalen Status eine solche „affenartige" Entwicklung gar nicht zeigt.
Der Affe zeigt aber in SEINER embryonalen Entwicklung in utero sehr wohl eine zunächst MENSCHLICHE Entwicklung und entwickelt sich erst später im zunehmenden Alter zum Tier-Teil seiner Eltern, welche, als letzter Schritt, eozäner Mensch und Tier waren. Ein anderes Indiz für das hohe Alter des Menschen ist

DER MENSCHLICHE FUSS

Der menschliche Fuß, so behaupte ich, ist sehr primitiv und sehr alt und darum sehr hoch entwickelt FÜR DEN MENSCHEN. Diese Art von Fuß ist SPEZIELL MENSCHLICH. Man sehe sich doch mal den Fuß eines anthropoiden Affen oder eines Monkey an. Ist dem Leser eigentlich bewusst, dass eines Affen Fuß eigentlich mehr einer MENSCHLICHEN Hand gleicht als seiner eigenen, des Affen, Hand?

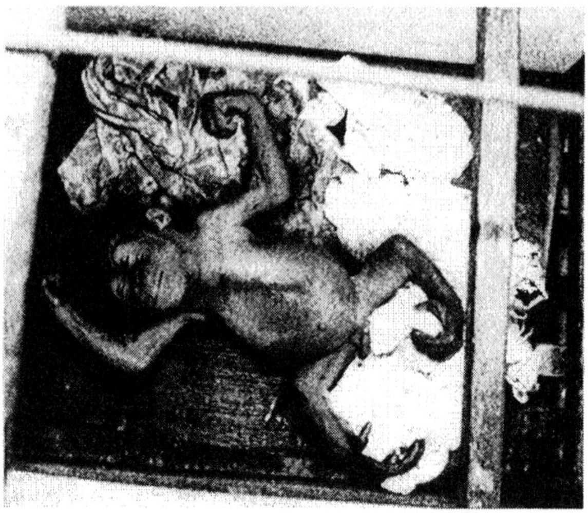

Affe beim Mittagsschläfchen

Des Affen Fuß ist eigentlich eine Hand in seiner Funktion, denn des Affen Fuß arbeitet mit großer Unterstützung des großen Zehs, welcher zu fast 90 Grad vom Rest der Zehen absteht. Schauen wir uns doch mal die Hand eines GORILLA an. Da ist der Daumen nur ein Stumpf, verglichen mit dem menschlichen Daumen. Schauen sie doch mal ihre Hand an. Da ist der dritte Finger der längste von fünf. So ist das auch mit der Hand UND DEM FUSS des Affen und des Monkey. Darum würde ich die Affen und Monkeys eher Quadrumena nennen, also Vierhänder, statt Quadrupeds (Vierfüßler), denn die Füße dieser Tiere können eher als Hand benutzt werden als die Hände dieser Tiere.
Die Hand des Affen funktioniert mehr wie ein Haken als eine greifende Hand. Der typische menschliche FUSS dagegen ist so arrangiert, dass DER GROSSE ZEH der längste der fünf Zehen ist. Nun gibt es einige ganz Schlaue, die meinen, das wäre so, weil der Mensch Schuhe trägt, doch scheint mir dies nur ein verzweifelter Versuch zu sein abzulenken von der Tatsache, dass der menschliche Fuß von dem des Affen SEHR VERSCHIEDEN ist.

Warum erwähne ich diesen Unterschied der Füße so detailliert?

Aus dem gleichen Grunde, aus dem ich den ZAHNKNOCHEN erwähnte, denn bald werde ich in Utero gehen und den Fuß dort analysieren. Das Ergebnis wird dasselbe sein wie beim Zahnknochen. Doch zunächst schauen wir uns doch mal den Fuß eines BABYS an. Schon das menschliche Baby zeigt dieselbe Anordnung mit dem großen Zeh als längstem der fünf Zehen. Es ist aber auch wahr, dass heute einige wenige Menschen den Zeh neben dem großen Zeh als längsten haben, aber NIEMALS wie die Affen den dritten Zeh. Nun gehen wir mal in Utero. Da zeigt das Embryo sofort die Fuß- und Zehenanordnung wie beim erwachsenen Menschen, nur halt in Miniatur, und zwar SEHR FRÜH in der embryonalen Entwicklung. Der Leser merkt schon, worauf ich hinaus will... DARUM muss auch diese Art von Fuß SEHR FRÜH in der MENSCHLICHEN EVOLUTION erschienen sein, und keineswegs eine Affenfuß-Anordnung. Auch darum kann der Mensch nicht vom Affen abstammen. Doch DER AFFE zeigt in seiner ganzen embryonalen Entwicklung und in der Kindheit ZUNÄCHST eine auf den MENSCHEN gerichtete Entwicklung, die DANN später mehr ins Tierische geht. Würde der Mensch eine zunächst AFFENARTIGE Entwicklung in utero zeigen, dann könnte man meinen, dass er vom Affen abstammt. Dies tut er aber nicht, denn der Mensch zeigt NUR eine menschliche Entwicklung bereits in Utero, während der Affe eine affen-

artige Entwicklung in Utero zeigt, allerdings im Allgemeinen mehr zum Menschen tendierend und dann in späterem Alter, wie bereits erwähnt, immer tierhafter, eben sich zu seinem TIERISCHEN Elternteil hin entwickelnd. Ich möchte den Leser daran erinnern, dass der MENSCHLICHE und aufrechtgehende Urahne des Affen allerdings affenähnlich aussah, als er sich mit Tieren geschlechtlich vereinte. DARUM sieht der Affe so aus, wie er heute aussieht. Der Affe sieht heute so aus, wie er aussieht, weil der Mensch früher so aussah bzw. ein degenerierter Teil der damaligen Menschheit. Wenn man einen solchen Menschen wegen seiner Schädel- und Gesichtsstruktur einen „Menschenaffen" nennen möchte, dann kann man dies gerne tun, aber NIEMALS war dies ein krumm gehender Affe. DER entstand erst, als dieser Mensch sich mit Tieren vereinte.
Zurück zum menschlichen Fuß. Der ist niemals und zu keiner Zeit im menschlichen Uterus ein Affenfuß, der er ja sein müsste, wenn der Mensch vom Affen abstammt, weil sich ja in utero die jahrmillionenlange biologische Entwicklung des Lebewesens in Zeitraffer von 9 Monaten wiederholt, ganz nach dem Gesetz der embryonischen Rekapitulation, welches besagt, dass die embryonale Entwicklung eine Rekapitulation der Stammesgeschichte der Art darstellt. Der menschliche Fuß ist von Anfang an ein menschlicher Fuß und geht durch keinerlei Affenentwicklung in utero. Darum muss der menschliche Fuß auch nach dem Gesetz der Analogie schon früh in der Menschheitsgeschichte bzw. von Anfang an entwickelt sein. Daher kann der Mensch nicht vom Affen abstammen. Die Darwinisten selber widersprechen sich da, vor allem, wenn sie auf das Gesetz der biologischen Rekapitulation verweisen.

DER AUFRECHTE GANG

Der aufrechte Gang war IMMER dem Menschen vorbehalten. Der Mensch lief NIEMALS krumm oder auf allen Vieren. Das beweise ich mit dem Folgenden:
Der Peroneus Tertius Muskel bzw. der dritte peroneale Muskel des Beines führt hinunter in den fünften Metatarsus des Fußes, wo die Achillessehne (Tendon) ansetzt. Dieser Muskel ist einer der wichtigen Muskeln, der es dem Menschen ermöglicht, aufrecht zu stehen und zu gehen. Dieser Muskel ist rein MENSCHLICH und ist in keinem anderen Säugetier zu finden, auch nicht im Affen. Es ist ein MENSCHLICHER Muskel. Im menschlichen Embryo entwickelt dieser Muskel sich schon SEHR FRÜH, darum entwickelte sich dieser Muskel SCHON SEHR FRÜH in der menschlichen Evolution (nach dem bio-

logischen Gesetz der Rekapitulation). Darum ging der Mensch von Anfang an aufrecht. Es gibt überhaupt keine wissenschaftlichen Beweise dafür, dass der Mensch vom Affen abstammt oder eine Verbesserung des Affen ist. Weder kann dies durch entsprechende Skelettfunde bewiesen werden, noch in der embryonischen Entwicklung des Menschen. Man hat auch niemals ein Geschöpf zwischen Mensch und Affen in den geologischen Schichten gefunden und wird es auch niemals finden. Darwin und die Darwinisten irren. Der Mensch kann NICHT von einem Anthropoiden abstammen. Es ist gerade umgekehrt.
Und ich wiederhole: Wenn wir den menschlichen Fuß und diesen spezifischen Muskel des menschlichen Beines in Betracht ziehen und bedenken, dass BEIDE sehr alt in ihrer evolutionären Entwicklung sind und dass beide MENSCHLICHER Natur sind, dann müssen wir einfach zu der richtigen Ansicht kommen, daß der Mensch VON ANFANG AN AUFRECHT GING.

Weitere Beweise dafür, dass der Mensch das älteste Säugetier ist, finden wir in der Betrachtung der menschlichen Hand und des Unterarms. Ich verweise auf Professor Wood Jones, der schreibt, dass die menschliche Hand und der menschliche Arm in ihren Muskeln, Knochen und Gelenken erstaunlich PRIMITIV sind und eben gerade deshalb NICHT in einem (wie von Darwin erklärten) späten Stadium der angeblichen menschlichen Evolution evolviert sein können. Gleichen die Gelenke, Arme und Hände der Affen denen des Menschen? Ich sage, dass die Glieder einiger der jetzt ausgestorbenen Reptilien, deren Fossilien man fand, EHER den menschlichen Gliedmaßen gleichen bzw. der Hand und dem Unterarm. Warum? Weil diese Tiere vom Menschen abstammen, und zwar VIEL FRÜHER als die Affen, welche viele Millionen Jahre NACH dem Menschen und NACH diesen Tieren bzw. deren Urahnen auf Erden erschienen. Man nehme nur den Tarsier Monkey als Beispiel. Er ist der niedrigste bekannte Primat, und doch gleicht er mehr dem Menschen als alle anderen Anthropoiden. Man vergleiche nur diesen niedrigsten Primaten mit dem höchsten Primaten, dem Menschen. Die primitiven Strukturen wie Schädelform, Arterienbesonderheit (Aufsteigen vom Bogen der Aorta) und sogar die Nieren des Tarsier Monkeys ähneln sehr denen des Menschen. Man weiß ja, dass der Tarsier Monkey weiter zurückgeht als der wahre anthropoide Affe, nämlich bis ins Eozän, während der Affe ja erst im Miozän erscheint. Schon allein daraus muss jeder gute Anthropologe schließen, dass der Mensch bereits im EOZÄN lebte. Dem stimme ich zu und füge noch hinzu, dass der Mensch

des Eozän eine Kultur hatte, welche technisch höher stand als unsere heutige. Ein Missbrauch dieser technologischen Errungenschaften führte zum Untergang von Atlantis, wo jener hochentwickelte Eozän-Mensch lebte. Wo dies war, oder wo dieser Kontinent immer noch liegt?
Die folgende Karte verrät es:

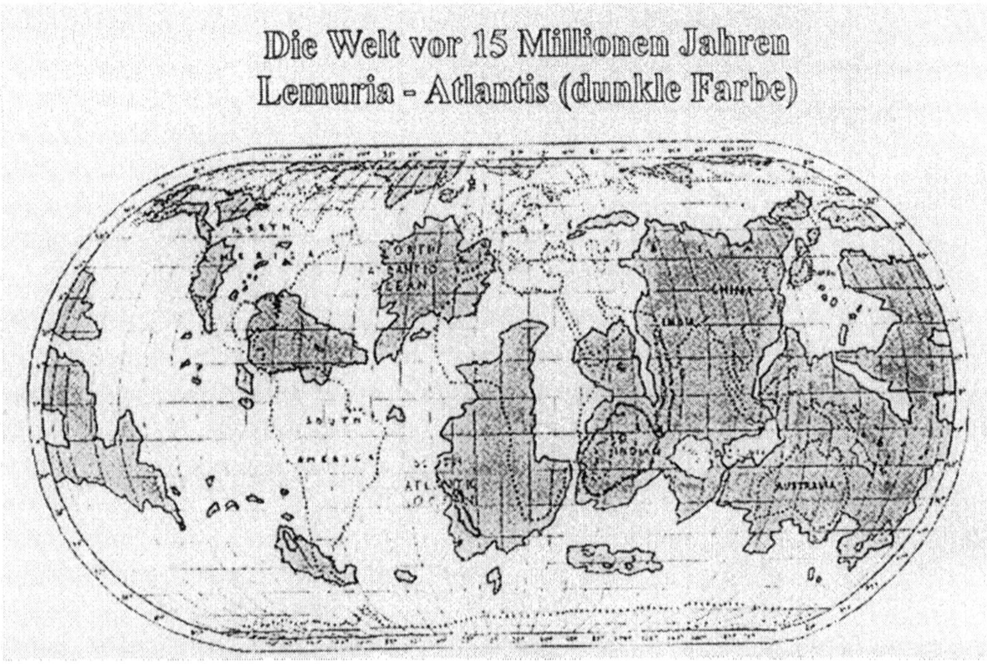

Die Gleichung geht immer auf. Je älter der Primat ist, der dem Menschen ähnelt in Struktur und innerer Organbeschaffenheit, desto älter ist auch der Mensch und kann gar nicht vom Affen abstammen. Jede der Arten unter dem Menschen hat sich weiter weg entwickelt von der ursprünglichen primitiven Simplizität, welche die menschliche Struktur auszeichnet. Es ist dies mehr eine physische Entwicklung im Tier und Affen, denn sie haben ja noch nicht die nötigen Organe (wie sie der Mensch besitzt), um sich geistig und mental weiter zu entwickeln. Und DARUM entwickelte oder veränderte sich der immer aufrecht gehende Mensch nicht sonderlich weiter in seinem äußeren Erscheinungsbild, wenn man das Schrumpfen seiner einst titanischen Größe einmal ausnimmt, sondern hauptsächlich in seiner INNEREN Entwicklung physisch sowie geistig und mental, z.B. das Gehirn und das Nervensystem betreffend.

Darum haben die Affen sich mehr als der Mensch von ihrem Säugetierursprung entfernt, was wiederum der Mensch selber ist. Die Darwinsche „Aufstiegsleiter der Lebewesen", welche bedeutet, dass jede Stufe komplexer und vollkommener ist als die davor mit dem Endziel der Evolution, dem Menschen, verliert dann ihre Bedeutung. Es ist genau umgekehrt. DER MENSCH war und ist schon immer DIE BASIS der evolutionären Entwicklung, ihr Ursprung. Natürlich hat sich auch der Mensch entwickelt von seiner damaligen Form, welche aber IMMER aufrechtgehend war, jedoch affengleich im Aussehen. Der Affe von heute sieht so aus, weil DER MENSCH DAMALS so aussah, aber eben AUFRECHTGEHEND.

Darum ähnelt der Affe heute auch noch sehr seinem menschlichen Elternteil, während das TIERISCHE Elternteil den Affen buchstäblich „in die Knie" zwingt und seinen krummen Gang verursachte. Mit anderen Worten: Aufrecht gehende Menschen des Miozän vereinten sich mit auf allen vieren laufenden Tieren. Das Resultat sind die krumm gehenden Urahnen des Affen von heute. Eine solche Vereinigung zwischen Tier und Mensch fand, wie schon erwähnt, bereits VOR dem Miozöän statt und führte zu den Monkeys etc. von heute. Der Affe ist also halb Mensch und halb Tier. So macht alles wieder Sinn.

Der Mensch war darum niemals ein Affe, weil er ganz einfach in der geologischen Zeittafel viel früher als der Affe erschien, nämlich ZU BEGINN der evolutionären Säugetierentwicklung. Darum ähnelt der Affe auch dem Meschen von damals und nicht umgekehrt, wenn man es genau nimmt.
Es ist also, lieber Leser, nicht ein Tropfen Affenblut im Menschen, sehr wohl aber ein Tropfen Menschenblut und ein Tropfen Tierblut im Affen. Der Affe ist halb Mensch und halb Tier. Mit „Tropfen Blut" meine ich jetzt nur eine symbolische Menge.

Und ich stelle an alle „Mensch vom Affen stammend"-Theorie-Glaubenden die Frage: „Wenn der Mensch vom Affen stammt oder zum selben Subphylum oder zur Art der Affen und Monkeys gehört, wie kommt es dann, dass er seinen spezifischen Charakter und seine Form verloren hat, welche des Anthropoiden und niederen Simianen Art ausmachen? Wie kommt es dann, dass der Mensch sich „zurückentwickelt" hat zu der von mir beschriebenen und bewiesenen einfachen Säugetier-Struktur, die er ja zuvor besessen haben muss? Wie kommt es, dass der Mensch damit das am Besten bekannte und von dem belgischen

Paläontologen Louis Dollo bewiesene biologische Gesetz der Irreversibilität verletzt? Es ist dies ein Gesetz, welches besagt, dass in der Evolution kein Lebewesen, welches ein Organ oder eine spezifische Struktur verliert, diese wieder aufnimmt oder zurückgewinnt, sondern seine Organstruktur der umweltlichen Bedingung, selbst wenn sie ähnlich der alten Bedingung war (jedoch unter neuen Umständen), mit NEUEN Organen anpasst.

Aber genau dies hätte der Mensch dann NICHT gemacht, wenn er vom Affen abstammte, denn der Mensch gleicht in seiner Struktur sowie in seiner Knochen- und Organanordnung eher den eozänen Säugetieren als den späteren miozä-nen anthropoiden Affen, von denen er ja angeblich abstammen soll, laut Darwin.

DIE BEDEUTUNG DER FOSSILEN FUNDE IN GESTEINSSCHICHTEN DAS ALTER UND DEN URSPRUNG DER MENSCHHEIT BETREFFEND

Wenn man Fossilien von identischer Natur in Schichten findet, welche Tausende von Meilen voneinander entfernt sind, dann tendiert man zu der Ansicht, dass beide Gesteinsschichten zur selben Zeit abgelagert wurden. Dies muss aber nicht unbedingt sein, denn die geologischen Daten und Spuren sind sehr unvollkommen und schwer zu entziffern. Darwin selbst hat dies zugegeben. Ich schlage vor, die Daten folgendermaßen zu interpretieren: Anstatt genaue Werte über die Länge der gesamten Fossilien enthaltenden Ablagerungen von der Laurentischen Periode (bzw. seiner Unterabteilungen) bis heute zu erlangen oder zu erforschen, schlage ich vor, mit RELATIVEN Zeiträumen sedimentärer Ablagerungen zu arbeiten, wie in diesem Buch präsentiert. Man bedenke: Die ersten Menschenrassen waren ASTRAL transparent und später WEICH protoplasmisch. Skelettfunde aus einer solchen Zeit sind fast unmöglich, spätere sehr wohl. Diese zunächst astral-protoplasmische menschliche Rasse begann ihre Existenz ungefähr während der mesozoischen Periode der Sekundärzeit. Dies war vor über 100 Millionen von Jahren. DAS DENKEN wurde in ihnen später nicht einfach so entwickelt, sondern von den „Herren des Denkens" gegeben. Mehr darüber im *BUCH DES LICHTS.* Die immer aufrechtgehende, einst hochentwickelte menschliche Rasse wurde physisch immer dichter bis zur jurassischen und Kreide-Periode und bis hin zum frühen Eozän. Das war dann

die sogenannte „atlantische Rasse“, die unterging mit dem Kontinent, auf dem sie lebte. Dies geschah in der Miozän-Periode. Wo dies war, weiß der Leser jetzt. Details werden im *BUCH DES LICHTS* enthüllt.
Die meisten Leute, Darwin eingeschlossen, verstehen unter Evolution einen Entwicklungsprozess, der sich nur auf die Form selber bezieht, sei es nun Pflanze, Tier oder Mensch. Doch ich sage, dass Darwins Theorie der Evolution eigentlich die FAKTOREN der Evolution behandelt, und zwar unvollkommen. Die Essenz von Darwins Lehre kann in zwei Worten beschrieben werden: Variation und Selektion. Lieber Leser, ich möchte eines klarstellen: Nicht alles, was Charles Darwin lehrte, war falsch. Ich bezweifle nicht, dass ein Evolutionsprozess auf Erden stattfand und stattfindet. Darwin irrt aber zum Beispiel, wenn er meint, dass der Charakter ererbt werden kann oder muss. Ein Gen kann zwar ein Protein machen und ein mutiertes Gen ein modifiziertes Protein, aber der Charakter oder die Eigenart des Proteins kann NICHT zurück zu dem Gen kommuniziert werden bzw. es beeinflussen. Und doch findet eine reziproke Beeinflussung zwischen Lebensformen und ihrer Umgebung statt, doch nur die ESOTERISCH WISSENSCHAFTLICHE LEHRE kann dies befriedigend erklären. Weil ihnen keine bessere Theorie bekannt ist, glauben viele Biologen immer noch an Darwins Faktor der natürlichen Auswahl, womit sie die Veränderung der Lebensformen erklären wollen. Doch dem ist nicht so. Natürliche Auswahl findet nicht immer statt. Es SCHEINT so zu sein, als ob gewisse Umweltbedingungen verantwortlich wären für gewisse Mutationen in den Arten, doch dies trifft nur für einige wenige Arten und Formen zu. Dies wirft unsere lieben Biologen wieder zurück auf den „Zufallsfaktor“ bzw. zur „Evolution bestimmt durch Zufall“-Theorie. In Wirklichkeit wird die Evolution durch einen INNEREN IMPULS bestimmt, durch DIE WESENHEIT selbst. Dies führt zu den physischen Formen, welche die entsprechenden Archetypen „füllen“ und die wiederum dem Gesetz von Karma und Reinkarnation unterliegen. Die moderne Anthropologie will natürlich nichts wissen vom GEISTIGEN Ursprung des Menschen, welcher dann in die Materie „fiel“. Lieber Leser, WIR sind die gefallenen Engel...

Der Mensch ist der URSPRUNG des Simianischen Stammes und nicht umgekehrt. Der Ursprung des Menschen war NICHT monogenetisch, sondern geschah auf polygenetischer Basis. DER MENSCH ist auch der Ursprung aller Säugetiere. Der Mensch ging IMMER aufrecht. Selbst wenn man die 4-6 Millionen Jahre zum Australopithecus rechnet, bestätigen die fossilen Funde eine aufrechte Haltung des Menschen. Für die simianischen Arten, also Fossil oder lebend, den Affen eingeschlossen, gilt dies natürlich nicht. Der ging immer krumm. Der Ramaphitecus zum Beispiel ist überhaupt nicht Simian, wie der Name vielleicht verrät. Der fossile Oberkiefer dieser Art wurde in den Nagri Formationen der Siwalik Hills von Nord Indien in den frühen 1930ern gefunden. Man schloss aus diesem Fund, dass er zu einem Affen gehörte. Doch namhafte Anthropologen wie G.E. Lewis, W. K. Gregory und M. Hellman widersprechen dem. Doch egal wie weit wir in die Vergangenheit zurückgehen, der Mensch zeigt keine Tendenz zur Affenentwicklung. Einige der damaligen degenerierten Menschenrassen hatten Sex mit Tieren. DARUM sieht der Affe aus wie er heute ist, eben so wie der damalige Mensch. Doch der Affe ging und geht krumm, der Mensch niemals. Der Dryophitecus, den man unter anderem als den affenartigen Ursprung des Menschen sieht, hat die spezielle Dentalstruktur (premolars) der Affen und nicht die im Vergleich dazu primitive bzw. einfache der Menschen.

Es gibt sogar fossile Primatenfunde in den Fayumbadlands südlich von Kairo, Ägypten, welche man bis zu 25 Millionen Jahre und weiter zurückdatiert. Und doch zeigen diese angeblichen „Affenfunde“ dieselben Skelettunterschiede zwischen Simian und hominiden Formen, wie man sie auch nur wenige Millionen von Jahre zurück beschreibt. Alle diese Fossilien sind von sehr kleinen Tieren, der größte Fund, der Aegyptopithecus, ist nicht größer als der Gibbon von heute. Auf diese Weise wird ein Mangel an Annäherung zwischen hominiden und simianen Formen weiter zurück als 20 Millionen von Jahren demonstriert. Was kann man daraus folgern? Hominide stammen nicht von Simianen ab, sondern umgekehrt. Lieber Leser, der DENKENDE Mensch ist auf Erden seit über 19 Millionen von Jahren. Davor gab es den Menschen ebenfalls, aber eben als NICHT denkende Wesenheit. Woher nun das Denken? Es wurde ihnen GEGEBEN von den Herren des Denkens. Diese zugegebenerweise unwissenschaftlich erscheinende Behauptung kann nur der wirklich verstehen, der *DAS BUCH DES LICHTS* gelesen hat. Jene Rassen, denen das Denken NICHT gegeben wurde, vereinten sich mit Tieren. Das Resultat: Der Affe von heute.

Fazit: Je weiter wir in der geologischen Zeit zurückgehen, desto weniger zeigen die Fossilienfunde eine Tendenz zur huminiden oder menschlichen Form und Art. In Bezug auf „Affen-Charaktere“ aber - und nun kommt’s - zeigen einige alte Affen-Fossilfunde deutliche HUMANOIDE anatomische Charaktere. Was ist die Erklärung dafür? Nun, all dies und mehr deutet auf meine Theorie hin, nämlich dass die Monkeys der fruchtbaren Vereinigung von primitiven Menschen und hochentwickelten Tieren vor über 15 Millionen Jahren entstammen und dass die anthropoiden Affen vor etwa 9 Millionen Jahren entstanden als Resultat von Sex zwischen degenerierenden Menschen (welche „das Denken" nicht erhalten hatten) und Tieren. Dies führte zu den Ahnen der heutigen Affen.

Hominide sind also polygenetisch. Darauf weisen immer mehr Fossilienfunde und deren Analyse hin. Der Mensch ist viel älter als alle anderen Lebewesen auf Erden. Darwin als Theologe hätte dies eigentlich in Betracht ziehen müssen, denn selbst die Bibel bestätigt, dass der Mensch VOR den Tieren existierte. In Genesis lesen wir, dass Gott die Tiere dem Menschen zuführte etc. Warum heißt es dann, dass Gott die Tiere zuerst erschuf? Mit diesen Tieren waren die TIERKREISZEICHEN gemeint. Die Bibel ist hochwissenschaftlich, wenn man ihre geheime Sprache recht versteht.

DAS BUCH DES LICHTS lehrt uns: Sieben menschliche Arten, nennen wir sie mal Genera von Humanoiden, manifestierten auf sieben verschiedenen Zonen der Erdkugel, jedoch in der NORDPOL-REGION (und nicht von Afrika aus), auf der damals noch „ewiger Frühling" herrschte (daher auch Grönland von „Grünland"). Zunächst ähnelten sich diese „Menschen". Alle hatten einen aufrechten Gang. Doch die Entwicklung des Selbstbewusstseins und des Denkens verursachte eine abzweigende Entwicklung, welche ihren Höhepunkt erlangte vor etwa 9 Millionen von Jahren. Bis dahin hatten sich primitive Menschen mit Tieren vereint, dieser Vorgang wiederholte sich vor etwa 9 Millionen Jahren. All dies führte zu den Simianen von heute. Die orthodoxe Wissenschaft ändert ihre Theorien schnell und hängt ihre Fähnchen in den Wind neuer Entdeckungen, aber dahingehend, dass sie die neuen Entdeckungen ihren alten Theorien unterordnet und nicht umgekehrt. Ich gebe einige Beispiele: Noch 1940 dachte man, dass der direkte Ahne des aufrecht gehenden Menschen nicht älter sei als 500.000 Jahre. Man nannte diesen angeblichen Ahnen des Menschen den „Java-Mann" oder „Peking-Mann", den ersten Homo Erectus, den aufrecht gehenden Menschen. Der Mensch, so dachte die Wissenschaft, ging also bis dahin auf allen Vieren oder zumindest in gebückt kriechender Haltung. Aber bereits 1959 verwarf man diesen Gedanken wieder und lehrte, dass der Mensch bereits vor 1,6 Millionen Jahren aufrecht ging. Da hatte man nämlich Fossilien von Menschen gefunden, die älter waren als der Java-Mann. Dann, 1972, war man gezwungen, diese Theorie ebenfalls fallen zu lassen, weil da nämlich Richard Leakey hominide Fossilien (Schädel- und Schenkelknochen) in 2,6 Millionen Jahre alten Schichten fand. Doch auch diese Theorie musste man schließlich aufgeben. Im Oktober 1975 fand man in Laetolil, Tansania, nicht weit von früheren Funden, Kiefer and Zähne eines Typus des Genus Homo in Schichten, die älter waren als 3,5 Millionen Jahre. Was nun? Was tun? Der große Hammer kam bereits ein Jahr davor, als man in Äthiopien ein komplettes menschliches weibliches Skelett in etwa 3,5 Millionen Jahre alten Schichten fand. Was nun? Was tun? Den Affen weiter zurückdatieren? Und wie steht es mit dem Neandertaler, von dem man glaubte, dass er der erste aufrecht gehende Mensch vor etwa 600.000 Jahren gewesen sei? Ein solcher Neandertaler wurde als hässlich, brutal und mit zwischen den Schultern begrabenem und vorgestrecktem Schädel beschrieben. Nichts davon stimmt. Das damals gefundene Skelett gehörte vielmehr einem atypischen alten Mann, der an Arthritis der Kinnladen, Wirbelsäule und der Glieder litt (!!): Die Rekonstruktion des Schädels (durch M. Boule, den Leiter des französischen Institutes für menschliche Pathologie) war falsch und unbefriedigend. Ich aber sage: Der sogenannte Neandertaler ging aufrecht so wie wir es heute tun, und wenn man einen Neandertaler von damals heute in einen Anzug stecken würde, dann würde er auch in unserer modernen Gesellschaft nicht sonderlich auffallen. Die heutigen Anthropologen gehen den falschen Weg und zwar ganz konsequent. Sie suchen, folgerichtig basierend auf ihrer falschen Theorie, noch immer ganz verzweifelt nach dem „fehlenden Bindeglied“ zwischen Affe und Menschen bzw. zwischen Pongid und Hominid. Aber ich sage, dass es ein solches Glied nicht gibt. Wenn der Mensch vom Affen abstammen würde, was macht dann der Affe noch hier? Man bedenke: Alle Affen stammen vom Menschen ab, aber nicht alle Menschen von damals sind die Ahnen der Affen.

Wie steht es nun mit dem menschlichen Gehirn, welches ja, nach der Theorie der Antrophologen sich ebenfalls aus dem Affenhirn zum Menschenhirn entwickelt haben soll?

Darwin lehrt, dass die Natur nicht in Sprüngen stattfindet, aber Fossilienfunde deuten klar auf ein plötzliches ANSTEIGEN der menschlichen Schädelkapazität im Vergleich zu jedem anderen Säugetier. Die Schädelexpansion vollzieht sich größtenteils in der vorderen Region des Gehirns über dem Großhirn bzw. im Vorderhirn, welches bei allen Säugetieren den Rest des Gehirns überdeckt. Das menschliche Gehirn besteht aus rechter und linker Hemisphäre und verbindenden Strukturen und man sagt, dass es der Sitz der bewussten mentalen Prozesse ist, im Gegensatz zum Kleinhirn oder den Lappen des Gehirns, welche sich unterhalb des Großhirns befinden. Man kann sagen: Je größer das Großhirn, desto mehr Hirnrinde oder Oberflächenmasse der grauen Zellen. Die Wissenschaft glaubt, dass der Mensch intelligenter ist, je mehr Windungen sein Gehirn hat. Die Tiere dagegen zeigen keine Gehirnentwicklung dieser Art, vor allem nicht in assoziativer und interpretativer Hirnrinde der frontalen und parietalen Hirnlappen. Es ist ja dies der Teil des Gehirns, welcher für die Gedanken und das Selbstbewusstsein verantwortlich gemacht wird. Eigentlich hat der Mensch ja vier Gehirne, nämlich das „alte" oder „Reptiliengehirn", also der Gehirnstamm am oberen Ende der Wirbelsäule, dann darüber und frontal das limische Gehirn oder das „alte Säugetiergehirn", dann das „neue Säugetiergehirn", welches die anderen umschließt und schließlich das Großhirn, welches im hinteren Teil des Schädels unter dessen hinterer Rundung liegt. Dr. Loren Eiseley wundert sich: „Es gibt keine adäquate Erklärung für die Größe des menschlichen Gehirns im Vergleich zu anderen Gehirnen der Säugetiere etc." Eine solche Erklärung geht ihm ab, weil er eben MEINE Erklärung nicht kennt. Die Erklärung bzw. Antwort heißt: Die Manasaputras, die „Herren des Denkens". Sie waren hohe Mentalwesen, welche einer bis dahin gemüts- und relativ gedankenlosen Menschheit das Denken „gaben". Dies erklärt den plötzlichen Anstieg der Schädel- und Gehirnkapazität im Menschen während des Pleistozäns. Es war dies kein normaler Evolutionsvorgang, sondern erfolgte blitzartig, so wie man eben einen „Einfall" hat. Wie, wo und wann dies genau geschah, ist im *BUCH DES LICHTS* enthüllt. Darwin erklärt das Entstehen des Gehirns und des Denkens im zufälligen Spiel von natürlichen Kräften der Natur, dieselben Kräfte, welche den Rest der lebenden Welt der Pflanzen und Tiere beleben. Was das „fehlende Bindeglied" zwischen Affen und Menschen anbelangt, so glauben hartgesottene Darwinisten, dass heute lebende Urmenschen (z.B. die australischen Aborigines) dieses Bindeglied sein könnten. Doch dies kann wohl nicht sein, denn man könnte fragen – der Darwinschen Lehre folgend: „Wie wurde dann das Gehirn solcher „Urmenschen" zu unserem Stand von heute entwickelt?" Die von Darwin so oft erwähnte „natürliche Auswahl" hätte den Wilden nur mit einem Gehirn versorgt haben können, das nur ein wenig mehr entwickelt ist als das eines Affen. In Wirklichkeit ist selbst das Gehirn eines australischen Wilden nur wenig geringer entwickelt als das des modernen Menschen von heute und WEITAUS HÖHER als irgend ein höchstentwickeltes Affengehirn. Wer sind dann die Australneger wirklich? Sie sind degenerierte Abkommen einer einst hochentwickelten menschlichen Zivilisation. Lieber Leser, es gibt Werkzeuge, die um viele Millionen Jahre älter sind als die frühesten (von der Anthropologie vermuteten) Urmenschen. Wer soll denn diese Werkzeuge benutzt haben? Auf allen Vieren gehende Uraffen? Oder aufrecht gehende Menschen? Doch wohl die letzteren. Übrigens: Da der Mensch natürlich viele Millionen Jahre alt ist bzw. seit Millionen von Jahren existiert, war er auch koexistent mit den Sauriern, das versteht sich von selbst.

Der Titel dieses Buches lautet DARWIN IRRT. Irrt er immer? Nein, das tut er nicht. Ich werde nun Darwins Thesen alphabetisch durchforsten und jeweils postulieren, ob er damit Recht hatte oder nicht bzw. meinen Kommentar dazu schreiben.

Darwin = **D** Lanoo = **L**

AFFEN

D: Irgendein ein altes Glied der anthropomorphen Untergruppe ist der Stammvater des Menschen gewesen, da dieser (Mensch) nicht nur in allen Merkmalen übereinstimmt, die er mit der ganzen Gruppe der Catarrhinen gemeinsam hat, sondern auch in anderen eigentümlichen Charakteren, wie in der Abwesenheit eines Schwanzes und der Gesäßschwielen sowie der ganzen äußeren Erscheinung.

L: Das ist alles ganz falsch. Der Affe stimmt bei genauer Betrachtung des Knochenbaus und dessen Anordnung sowie der Muskelstruktur und auch des Schädels, des Gehirns und des Nervensystems ÜBERHAUPT NICHT überein mit dem Menschen, ja er ist VERSCHIEDEN vom Menschen. Die Abwesenheit des Schwanzes besagt gar nichts bzw. sehr viel, nämlich dass der Mensch einen solchen Schwanz einfach nicht braucht, aber dass der Mensch DER URSPRUNG, ja der „Prototyp" aller für Säugetiere zur Evolution nötigen Entwicklung ist und jeden Schritt dieser Entwicklung im Detail enthält.

D: Das Embryo des Menschen kann kaum von den Embryonen anderer Wirbeltiere unterschieden werden. Professor Huxley schreibt: „Erst in den letzten Stadien der Entwicklung zeigt das Menschenjunge deutliche Verschiedenheiten von dem jungen Affen".

L: Das ist falsch. Darwin hat nicht recherchiert, sondern einfach aus Respekt vor dem großen Huxley geglaubt, was dieser schrieb. Tatsache ist: Die Unterschiede zwischen dem Affen- und Menschenembryo sind lange vor dem vierten Monat in Utero erkennbar, wie schon im Kapitel über die embryonale Rekapitulation geschrieben wurde.

D: Der Affe hat mit dem Menschen gemeinsam: Gleiche Krankheiten, er berauscht sich, „...ist bei der Geburt hilflos, rächt sich, verteidigt seinen Herren, neckt sich, lässt sich nicht gern auslachen, fühlt Langeweile, hat Furcht vor Schlangen, ahnt Verwandtschaft, öffnet Eier, benutzt Waffen und Werkzeuge, baut Plattformen, hat eine „Sprache“, ahmt den Menschen nach, hat einen gewissen Intellekt, ist ein Wachposten, leistet gemeinsame Arbeit, zeigt heldenhaftes Verhalten, hat Ideen und liebt grad so wie der Mensch.“

L: Stimmt, weil der Affe vom MENSCHEN abstammt und ihn kopiert. Das NIEDRIGER entwickelte Wesen kopiert das höher entwickelte, der AFFE kopiert den Menschen.

D: Affen haben nicht die intellektuellen Fähigkeiten von Menschen erhalten, weil bei den Menschen eine vermehrte Hirntätigkeit stattfand.

L: Richtig. Diese Hirntätigkeit jedoch geschah nicht auf normalem evolutionsartigem Weg, sondern wurde „vergeben“ von den „Herren des Denkens“.

D: D. zitiert Vulpianm: „Die tatsächlichen Unterschiede zwischen dem Gehirn des Menschen und dem der höheren Affen sind sehr gering. Man gebe sich in dieser Hinsicht keiner Illusion hin. In den anatomischen Verhältnissen des Gehirns steht der Mensch den Anthropomorphen (Menschenaffen) viel näher als diese den anderen Säugetieren, selbst die geschwänzten Affen und Makaken nicht ausgenommen.“

Dann fügt Darwin hinzu: „Weitere Ähnlichkeiten des Menschen mit den höheren Säugetieren, wie sie sich im Bau des Gehirns und aller anderen Teile des Körpers offenbaren, sind hier überflüssig.“

L: Falsch. Der Unterschied zwischen einem Affenhirn und einem Menschenhirn ist BETRÄCHTLICH. Vogt vergleicht das Gehirn des höchststehenden Affen, des Gorilla, von nur 30,51 Kubikzoll mit dem Gehirn des niedrigststehenden australischen Wilden, das 99,35 Kubikzoll aufweist. Pfaff sagt: „Das erstere ist somit nicht halb so groß wie das Gehirn eines neugeborenen Kindes.“ Wenn das kein Unterschied ist....

Die weiteren Unterschiede zwischen Mensch und Affen sind auf vielen Seiten dieses Buches nachgewiesen. Wenn Darwin sie ignorieren will, so ist dies sein Problem. Eines ist klar: Der Körperbau des Affen ist KEIN Beweis für seine

Verwandtschaft mit dem Menschen, es sei denn, man schließt daraus, dass der Affe vom Menschen abstammt. Dann macht es Sinn.

D: Man kennt jetzt fossile Arten von Vierhändern in Ostindien, in Südamerika und in Europa sogar schon aus der Miozän-Periode.

L: Richtig. Weil der Affe vom Menschen abstammt und es den, wenn auch in dem Falle affenähnlichen, jedoch AUFRECHT GEHENDEN Menschen schon lange VOR dem Miozän gab. Ich fasse zusammen: Affen erschienen Millionen Jahre SPÄTER als der sprechende Mensch. Es war das Karma der Wesenheiten der Affen, in die tiermenschlichen Formen zu inkarnieren. Affen sind daher „Ausnahmen", wie *DAS BUCH DES LICHTS* uns lehrt. Irgendwann einmal werden die Wesenheiten in den Affen so weit entwickelt sein, dass sie in Menschenkörper inkarnieren. Es können aber auch andere Formen sein, denn die Form ist nichts, die Wesenheit alles. Formen verändern sich je nach den Umgebungen und klimatischen Veränderungen sowie auch nach jeder geologischen Umwälzung. Es gibt kein Bindeglied zwischen Affen und Menschen, weil der Affe sich aus dem Menschen entwickelte und nicht umgekehrt. Außerdem: Erst seit einigen Millionen von Jahren begattete sich das Tierreich NICHT mehr streng unter sich. Davor hatten Tiere Sex mit Menschen und diese Vereinigungen waren fruchtbar.

Was sind nun diese Affen bzw. die WESENHEITEN, welche in den Affenkörpern vor etwa 9 Millionen von Jahren inkarnierten? Es war das KARMA jener Wesenheiten, sich in die Affenformen zu inkarnieren. Jene Fabeln über Satiren sind keine Fabeln, sondern in Märchen verhüllte Wirklichkeit. Es handelt sich da um eine erlosche Rasse tierischer Menschen. Es gab damals sogar sprechende Affen. Warum es sie heute nicht mehr gibt, wird im *BUCH DES LICHTS* erklärt und würde hier zu weit führen. Eines ist Fakt: Kein fossiler anthropoider Affe – noch viel weniger der fabelhafte, dem Menschen und dem Pithekoiden zugeschriebene gemeinsame Ahne, erscheint in den eozänen Schichten. Der erste anthropoide Affe erschien im Miozän. Bald schon wird man menschliche Skelette finden wo man zuvor nur Affen vermutete. DANN, in einer nicht allzu fernen Zukunft, wird meine These in allen Schulbüchern gelehrt werden.

Ich zitiere aus meinem Buch *DER SINN DES LEBENS, Band II*, (ISBN: 3-89811-430-9), Seite 543:
„Der Mensch entwickelte sich also von oben nach unten, vom Spirituellen zum Physischen (bzw. er „fiel") und nicht, wie Darwin lehrte und wie die Psychologie und Psychoanalyse den Menschen definiert, von unten nach oben.

DARWINS THEORIE DER EVOLUTION DURCH NATÜRLICHE AUSWAHL:

Urschleim
entwickelt sich zur ***Pflanze***
zum ***Tier***
zum ***Affen*** und
zum ***Menschen***

DAS BUCH DES LICHTS LEHRT:

Der Himmlische Mensch
manifestiert sich viele Male
als ***Stein*** im Mineralreich,
als ***Pflanze*** im Pflanzenreich
als ***Tier*** im Tiereich
als ***Mensch*** im Menschenreich, wo er (einige niedere Menschen-Typen) vor etwa 9 Mill. Jahren Sex mit Tieren hatte, was den Affen erzeugte.

Wie können die Tiere vom Menschen abstammen, wenn der Mensch selbst noch durch das Tierreich evolvieren musste? Antwort: Der androgyne Mensch von etwa 80 Millionen Jahren sonderte Substanzen ab, welche sich zu den Ahnen der Säugetiere von heute entwickelten."
In „*Mans place in nature*" lesen wir: „Jeder Knochen eines Gorilla trägt Zeichen an sich, durch welche er von dem entsprechenden Knochen eines Menschen unterschieden werden kann."

Man bedenke auch, dass die gravierenden Unterschiede zwischen Affen- und Menschenembryo sogar früher als im vierten Monat zu erkennen sind. Und doch: Gleich nach der Geburt ist das Gorillababy menschenähnlicher als seine Gorillaeltern. Der gehirntragende Teil des Schädels ist verhältnismäßig groß und MENSCHLICH in der Form, die Stirn im Verhältnis größer und nobler und MENSCHLICHER als die nach hinten abflachende Stirn seiner Gorillaeltern. DER FUSS des Gorillababys ähnelt sehr einem MENSCHLICHEN Fuß. Eigentlich müsste all dies einen Darwinisten glücklich stimmen und in seiner Theorie bestätigen, dass der Mensch von einem frühen Affen abstammt. Es ist ja bekannt, dass das Affenbaby und -kind dem Menschen mehr ähnelt als der ausgewachsene Gorilla. Doch wenn das Gorillababy heranwächst und aus dem Kindesalter hinauswächst, dann entwickelt sich die Stirn zurück, wird flacher, der Mund wird tierischer, die Kinnlade entwickelt sich weiter nach vorn und wird zum exponierten Kauapparat und der Fuß ähnelt immer mehr dem typischen HAND-Fuß der anthropoiden Art. Wie erklärt sich dies? Folgendermaßen: Die menschenähnlichere Struktur im Affenbaby ist das, was man „Reversion zu den früheren Typen“ nennt, zu dem MENSCHLICHEN Teil des Affenurahnen, denn der MENSCH hatte ja Geschlechtsverkehr mit Tieren in jenen Tagen vor etwa 9 Millionen von Jahren. Diese Information ist in den GENEN des Affen enthalten, welche dann aktiv werden. Mit zunehmendem Alter entwickelt sich der Affe natürlich zu seiner TIER-Natur zurück, welche er von der anderen Hälfte seiner Ahnen geerbt hat, nämlich von jenen Tieren, die Geschlechtsverkehr mit Menschen hatten. So einfach ist das. Ich sage, dass die Anthropoiden oder Affen-Spezies im Miozän der tertiären Periode vor etwa 9 Millionen von Jahren aus der menschlichen Rasse auf der einen und der tierischen Rasse auf der anderen Seite entstand, eben genau dann, als Mensch und Tier sich sexuell vereinten. Warum dies (Sex zwischen Mensch und Tier) heute nicht mehr möglich bzw. fruchtbar ist, habe ich bereits erklärt. DIES also ist die Erklärung dafür, warum der Affe in einigen Aspekten dem Menschen so ähnlich ist und in anderen nicht. Wie steht es nun mit den niederen simianischen Rassen, den Monkeys? Ungefähr genauso, nur dass sich dies noch früher, nämlich in der mesozoischen Epoche, abspielte, als es „gemütslose menschliche Rassen“ gab, die sich mit Tieren kreuzten. Zu dieser Zeit waren die Körper noch weicher und fast knetgummiartig bzw. protoplasmisch. Die Monkeys haben nur eine kleine Portion menschlichen Blutes in sich, die Affen etwa doppelt so viel. Darum gibt es übrigens gute Nachrichten für die Affen: Der menschliche Einfluss in ihnen wird stärker und stärker werden und in einer weiten Zukunft werden die Affen viel menschenähnlicher sein als sie es jetzt sind.

Darwin aber sagt, dass der Mensch von den Monkeys (frühe Affen der Alten Welt) abstammt. Professor Klaatsch blickt da schon mehr durch, wenn er behauptet: „Monkeys und Affen sind degenerierte Zweige der prä-menschlichen Rasse.“ Wenn er jetzt noch hinzufügen würde, dass die sogenannte primitive menschliche Rasse die Hälfte des Elternteils der originalen Ahnen der modernen Anthropoiden ist, dann stimme ich dem auch zu. Damit meine ich aber keineswegs, dass Monkeys und Affen degenerierte Menschen sind, sondern nur dass sie, zum Teil Mensch und zum Teil Tier, von FRÜHEN MENSCHEN und von FRÜHEN TIEREN abstammen und dass sie seitdem eine starke Tendenz zeigen, sich mit zunehmendem Alter und Wuchs zu den Typen der frühen geologischen Epochen zurück zu entwickeln. Nun behaupten ja die Darwinisten und Neo-Darwinisten, dass der Mensch zu dem selben Subphylum oder zur selben Rasse gehört wie die Affen und Monkeys. Wenn dem so ist, dann ist der Mensch entweder ihr Ursprung oder ihr Produkt. Wenn der Mensch von Frühaffen abstammt, wie kommt es dann, dass er alle jene spezifischen AFFEN- und Simian-Strukturen verloren hat und sich TOTAL ZURÜCKENTWICKELT hat zu einer simpleren und primitiveren Säugetier-Struktur, die er ja zuvor besessen haben muss, womit er aber wiederum eines der wichtigsten biologischen Gesetze verletzt, nämlich das Gesetz of Irreversibility, welches besagt: Wenn ein Lebewesen in Evolution ein Organ verliert oder eine charakteristische Morphologie (Körperform oder Struktur), dann wird ein solches Lebewesen diese Charakteristiken und Organe nicht wieder aufnehmen oder bilden. Der belgische Paläontologe Luis Dollo bestätigt dieses Gesetz, welches heute von den meisten Biologen akzeptiert wird. Nun bin ich ja nicht der Erste, der behauptet, dass Darwin unrecht hat. VIELE namhafte Biologen vertreten die Meinung, dass der Mensch NICHT vom Affen und den Monkeys abstammt, er aber doch der PRIMITIVSTE aller Säugetiere auf Erden ist, was die Körper- und Skelettstruktur anbelangt (siehe URSPRUNG DER ARTEN). Wenn der Mensch aber, wie jene Biologen behaupten, zur Rasse der Frühaffen gehört, von ihnen aber nicht ABSTAMMT, dann kann der Mensch ja nur ihr URSPRUNG sein. So stimmt es dann wieder. Damit geben mir jene Darwin-Gegner recht, obwohl sie wohl kaum zustimmen werden, dass der Affe vom Menschen abstammt. Mögen sie nach der Lektüre dieses Buches ihre Meinung revidieren. Darwin entdeckte jedoch viele Fakten der Natur und bezog sich oft auf Lamarcks Ideen, die ja auch nicht alle falsch waren. Wenn Lamarck behauptet, dass es in den Lebewesen einen inneren Impuls und Drang gab und gibt, dann hat er schon Recht damit. Darwin hatte in vielem Recht, doch zog er daraus falsche Schlussfolgerungen. Ich gebe nur ein Beispiel: In seinem Vorwort zu „Ursprung der Arten" gesteht Darwin, dass er das Wort „Zufall" fälschlicherweise benutzt im Zusammenhang mit dem Ursprung der Arten, ja er betont, dass dieses Wort ein völlig unkorrekter Ausdruck ist, doch dieses Wort oder dieser Begriff „Zufall" genüge, unser Unwissen über die aktuelle Ursache der spezifischen Variationen zu aktivieren. Dann aber fährt er fort, dass diese Ursache, von der er zugab nichts zu wissen, nämlich natürliche Zuchtwahl - natural selection - zum Überleben der Tauglichsten führen soll.

Also noch einmal: Die Affen und die Monkeys stammen vom MENSCHEN ab, und zwar in folgender Weise: Die Monkeys waren das Produkt eines gehirnschwachen gemütlosen Teiles der menschlichen Rasse, welche, da sie hauptsächlich nur INSTINKT besaß, sich mit Tieren paarte, die ebenfalls vom Menschen abstammten, nämlich als Absonderungen des frühen protoplasmischen Menschen. Dies waren jene Tiere einst, und sie haben sich dann mehr oder weniger auf eigener Linie entwickelt, bis sich die Tiere LANGE VOR DEM MENSCHEN in Geschlechter teilten. Dann fand die sexuelle Vereinigung solcher Tiere mit den Menschen statt. Das Resultat: Die Urahnen der Monkeys. Dies alles geschah während der mesozoischen Epoche im Jura-Zeitalter. SPÄTER, im Eiszeitalter, also vor etwa 9 Millionen Jahren, als diese menschliche Rasse ihren Höhepunkt der Evolution bereits überschritten hatte und viele degenerierte Arten hinterließ, geschah es, dass einige dieser degenerierten menschlichen atlantischen Rasse sich wieder mit der dann existierenden simianischen Rasse paarten. DIESE ZWEITE Paarungsepoche von Mensch und Tier brachte die anthropoiden Affen hervor bzw. ihre Urahnen. Daher ist es ja auch kein Wunder, dass die Affen von heute der einen Hälfte ihres Elternteiles gleichen, nämlich dem Menschen, wenn auch einem Menschen, der damals degeneriert genug war, sich geschlechtlich mit Tieren einzulassen.
Parallel dazu im späten Miozän und bis ins Pleistozän hineinreichend, gab es hochentwickelte atlantische Zivilisationen in verschiedenen Gegenden der Erde. Doch die Hoch-Zeit der kulturellen und technischen Entwicklung auf Erden war vor Millionen von Jahren im frühen Miozän.
Obwohl eine starke Ähnlichkeit zwischen Affen, Monkeys und Menschen besteht, haben sich die ersteren beiden doch weit mehr und variabel entwickelt, was Körperbau, Muskelbau, und skelettale Struktur betrifft als wir Menschen. Doch ihre Entwicklung stoppt hier, denn die „Tür" zum Menschenreich ist den Wesenheiten in diesen Formen seit neun Millionen von Jahren (noch) ver-

schlossen. Eine hochesoterische, aber nichtsdestotrotz wissenschaftliche Anmerkung hierzu: Die Arten UNTER dem Menschen werden schließlich aussterben, aber nur, um in der nächsten evolutionären „Runde“ wieder zu erscheinen und zu lernen.
Professor Osborn, der weltbekannte Anthropologe, kommt der Sache schon viel näher, wenn er schreibt, dass der Ahne des Menschen weder ein Affe war noch wie der Mensch von heute. Genauso ist es. Der Mensch von damals vor etwa 10 Millionen Jahren war ein TITAN, und die immer AUFRECHT GEHENDEN Unterentwickelten dieser Rasse sahen so aus wie die Affen heute. Darum sehen die Affen ja so aus, wie sie aussehen. Macht das Sinn? Natürlich, denn das Kind (der Affe) sieht doch immer dem Elternteil ähnlich.
Die Affen von heute sehen so aus, weil ihre ELTERN, also Mensch und Tier, damals diese ähnlichen Strukturen hatten. Aber AUFRECHT ging auch der primitive oder degenerierte Titan (der sich dann mit Tieren einließ) IMMER. Wenn man will, kann man einen solchen Menschen PRÄ-MENSCH nennen. Doch der Ursprung dieses Menschen sowie aller anderen Menschen waren gottgleiche Wesenheiten, die auf die Erde kamen in den frühesten Tagen unseres Planeten und ihre Geist-Samen in die sich entwickelnden Keime „streuten“. Diese Keime oder Lebensatome waren jene, mit denen diese gottgleichen Wesenheiten einst vor vielen Äonen verbunden waren. Karma brachte sie nun wieder zusammen. Wenn die Religionen wüssten, dass sie eben diese gottgleichen Wesenheiten oder Elohim anbeten, dann würden sie vielleicht den Firlefanz ihrer Riten und Rituale endlich ad acta legen, zur Wahrheit erwachen und vernünftig werden. Denn es gibt nichts Schlimmeres auf Erden als die Religionen, welche ja nichts weiter sind als der Missbrauch eines einst heiligen Wissens von Ursprung und Bestimmung des Menschen. Die Geschichte von Adam und Eva ist symbolisch gemeint und darf nicht wörtlich genommen werden, wie der kabbalistische Jude sehr wohl weiß. Der Ursprung des Menschen ist POLYGENETISCH, also aus mehreren Quellen stammend (Siehe URSPRUNG DES MENSCHEN).
Ich sage etwas provokativ, dass Elefanten und Pferde beweisen, dass der Affe vom Menschen abstammt. Sehen wir uns doch mal einen Elefanten an, also ein Quatruped, einen Vierfüßler. Sehen sie sich die Nase - Rüssel genannt - dieses Elefanten an, dann diese großen „Watschelohren“. Dies sind spezifische Charaktere, welche man bereits in den embryologischen Formen dieses Tieres findet, was wiederum beweist, dass diese spezifischen Charaktere WEIT IN DIE ENTSTEHUNGSZEIT dieses Tieres ZURÜCKREICHEN müssen. Der

Elefant hat also schon vor Millionen von Jahren diese charakteristische Form gehabt, wenn auch in vielen Variationen, nur größer, riesiger. Er schrumpfte dann vom Mammut zu den Elefanten von heute, so wie die Saurier zu den Echsen etc. von heute schrumpften. Siehe Illustration:

Und IMMER war der Mensch da. Der Mensch war natürlich koexistent mit den Sauriern, aber er hatte von Anfang an die Form und aufrechtgehende Charakteristik des heutigen Menschen und ging nie auf allen Vieren. Es gab jedoch TIERMENSCHEN, also das Resultat von Sex zwischen Mensch und Tier, welche sehr wohl auf allen Vieren gingen.

Nun zum Pferd. Man sehe sich den Huf des Pferdes an. Dies ist gewissermaßen ein hochentwickelter Zehennagel der dritten Einheit jedes seiner vier Füße. Das Pferd läuft buchstäblich auf seinen Zehennägeln, auf hochentwickelten Zehennägeln des verlängerten dritten Zehs eines jeden Pferdefußes. Den Menschen betreffend gibt es KEINE derartige Entwicklung oder spezifische Charakteristik.
Der Huf des Pferdes ist das Resultat einer weit entwickelten Evolution von den primitiven Ahnen der Rasse der Pferde. Obwohl das Pferd wie andere Tiere

auch ursprünglich anders aussah und sich dann entwickelte, so hatte es doch die spezifischen Charakteristiken. NUR DER MENSCH hat sich im Vergleich zu den Tieren nicht sehr verändert (außer in seiner Größe), was Knochen- und Muskelstruktur anbelangt. Er ist nur geschrumpft in der Größe wie die anderen Tiere, mit denen er IMMER KOEXISTENT war. DER AFFE geht übrigens auch manchmal auf seinen Zehennägeln oder auf den Knöcheln, eben so, wie es die Ahnen der Pferde taten. Dies alles und mehr sind Spezialisationen, welche NUR in diesem Maße geschehen oder sich entwickeln bei Lebewesen, die sich mehr und mehr von ihrem Ursprung entfernen

Doch so manche Anthropologen bestätigen meine Theorie ohne es wohl zu wissen. Professor Osborn z.B. lehrt, dass man etwa 16 Millionen Jahre zurückgehen muss in der Zeit, um den PRIMITIVEN MENSCHEN zu postulieren. Da hat der Professor schon Recht. Doch dieser primitive Mensch ging aufrecht. Der Professor hat aber auch Recht, wenn er behauptet, dass der Mensch von heute etwa 1 Million Jahre alt ist. Als mentale, emotionale und geistig entwickelte Art definiert, kann man sagen, dass sich der Mensch von heute aus der Art der Menschen vor 1 Million Jahren entwickelte. Der Ahne jedoch war kein Affe, sondern ein Mensch. Wo man die Überreste eines solchen Menschen findet? Graben Sie in hohen Stellen von Asien, also chinesisch Turkestan, Tibet und Mongolien, aber auch in den Flussbetten von Süd-Arizona. Da werden sie fündig, liebe Archäologen. Aber auch UNTER Wasser gibt's einiges zu entdecken. Lieber Leser, der Ahne des Menschen war der Mensch selbst.

ALGEN

D: Neuseeland hat mit Europa 25 Algenarten gemeinsam.

L: Richtig, denn diese Kontinente waren einst miteinander verbunden. Dies erklärt übrigens auch die gemeinsame Flora und Fauna anderer jetzt voneinander getrennter Kontinente (z.B. die Banane in Afrika UND in Amerika).

ALLIGATOREN

D: Alligatoren vermehren sich nach dem Gesetz der geschlechtlichen Zuchtwahl. Männliche Alligatoren kämpfen um den Besitz eines Weibchens wie „brüllende Indianer“ im kriegerischen Tanz.

L: Zum Teil falsch (siehe „Natürliche Zuchtwahl“). Alligatoren sind außerdem durch Jahrmillionen geschrumpfte Saurier.

ALTER DER ERDE
L: Die Erde ist etwa 2 Milliarden Jahre alt und wird noch über 2 Milliarden Jahre bestehen. Alle Berechnungen der orthodoxen Wissenschaft, das Alter der Erde betreffend, sind falsch, da sie auf die Prämisse der Halbwertzeit bzw. dem radioaktiven Zerfall der Atome oder Isotopen aufbaut. Der radioaktive Prozess ist ein Prozess, der dem radioaktiven Zerfallsprozess folgt. Der Zeitpunkt des Zerfalls eines einzelnen Radionuklids ist nicht vorhersagbar. Erst beim Vorhandensein einer großen Zahl von Radionukliden lassen sich gesetzmäßige Wahrscheinlichkeiten für Kernumwandlungen innerhalb eines bestimmten Zeitintervalls angeben. Eine bekannte Größe ist die Halbwertzeit (Karbon-14 und Potassium-Aragon-Methode etc). Damit wird die Zeitspanne bezeichnet, nach der die Hälfte der zerfallsfähigen Kerne umgewandelt wurde. Die Halbwertzeiten von Nukliden sind unterschiedlich und reichen von Bruchteilen von Sekunden bis zu mehreren Milliarden Jahren. Doch nun kommt der Denkfehler der augenblicklich herrschenden Schulwissenschaft: Man geht davon aus, dass die Radioaktivität auf Erden in dem Augenblick begann, als die Erde geformt war und dass diese radioaktive Zerfallsrate bis heute unverändert fortbesteht. Dies stimmt darum nicht, weil die Erde und ihre Lebensformen, wie bereits erwähnt, zunächst ASTRAL-TRANSPARENT waren. Diese Formen verdichteten sich vollends bis vor etwa 9 Millionen Jahren. Erst von DORT an zerfiel die materielle Struktur wieder durch den Vorgang der RADIOAKTIVITÄT. Radioaktiver Zerfall ist ÄTHERISIERUNG der Materie. Es gab bzw. gibt also erst seit 9 Millionen von Jahren einen radioaktiven Zerfall auf Erden und in den Lebensformen. Weil dies so ist, sind die orthodox-wissenschaftlichen Daten der geologischen Perioden auf Erden weit überzogen.
Die korrigierten Daten sind im *BUCH DES LICHTS*, im *SINN DES LEBENS Band I und II* sowie auf Seite 17 dieses Buches angegeben.

ALTER DES MENSCHEN und seine Geburtsstätte.
D: Der Mensch muss... im Eozän von den Catarrhinen-Affen abgezweigt sein. Die höheren Affen haben sich von den niederen bereits im Miozän abgezweigt... Unsere ältesten Vorfahren haben auf dem afrikanischen Festland gelebt.
L: Falsch. Es ist den Wissenschaftlern von heute immer noch unmöglich, diese Behauptungen zu beweisen. Dies führte auch zu einer religiösen Gegenbewegung jener, die wieder in das andere Extrem zurückfallen und die törichte Ansicht vertreten, dass der liebe Gott die Welt vor etwa 10.000 Jahren erschaf-

fen hat. Ein altes afrikanisches Sprichwort lautet: „Das Denken ist das Grässlichste." Wie wahr.
Wenn man mit „Mensch" die Wesenheit bezeichnet, die zunächst eine astrale, dann halbphysische und schließlich physische Entwicklung durchlief, sich dann trennte in Geschlechter und sich dann zum Menschen von heute entwickelte, so kann man sagen, dass der Mensch einige hundert Millionen Jahre alt ist.

Lieber Leser,
ich gebe hier einen Anhaltpunkt, wie man sich ganz einfach die Herkunft des Affen, aber auch aller anderen Säugetiere vergegenwärtigen kann: Die Ahnen der ÄLTESTEN und oft jetzt schon ausgestorbenen Säugetiere wurden geschlechtslos vom Menschen abgesondert, als dieser noch astral-protoplasmisch war. Diese Säugetiere vermehrten sich zunächst, ebenso wie der Mensch, durch SELBSTTEILUNG etc. Dann, vor etwa 50 Millionen von Jahren, teilten sich die ersten geschlechtslosen Säugetiere in GESCHLECHTER und reproduzierten von da an sexuell. DER MENSCH vermehrte sich ebenfalls weiter durch Selbstteilung etc., verfestigte sich physisch und teilte sich vor etwa 18 Millionen von Jahren in Geschlechter und reproduzierte von da an sexuell. Einige dieser frühen Menschen hatten auch Sex mit weiblichen Säugetieren. DIES führte zu den Ahnen der Monkeys von heute.
Vor etwa 9 Millionen von Jahren wiederholten einige der NIEDRIG entwickelten atlantischen Menschen diese Bestialität und hatten Sex mit Tieren bzw. Tiermenschen, also auch mit Monkey-Ahnen. DIES führte zu den Ahnen der Affen von heute.

ALTWELTAFFEN
L: Altweltaffen sind Schmalnasenaffen oder Catarrhini. Sie leben in Afrika und Asien, also in der Alten Welt. Man teilt die Catarrhini in drei Gruppen: 1. in Paviane und Makaken, 2. in Schlankaffen und 3. in Meerkatzen. Sie haben nur 32 Zähne und einen schmalen Zwischenraum zwischen den Nasenlöchern (da-rum Schmalnasenaffen). Wenn sie einen Schwanz haben, dann aber nicht zum Greifen. Am Gesäß haben sie nackte, schwielige Flecken. Altweltaffen leben nicht nur auf den Bäumen, sondern einige, wie zum Beispiel die Paviane, tummeln sich auch auf dem Boden. Die moderne Biologie bezeichnet Catarrhinen auch als Ceropithecidae.

AMBLYOPSIS (ein blinder Fisch)
D: Ich bin erstaunt, dass sich nicht mehr Trümmer alten Lebens unter ihnen (den Amblyopsis, Anophtalmus etc.) erhalten haben, da die Bewohner solcher dunklen Wohnungen einer minder strengen Konkurrenz ausgesetzt gewesen sein müssen.
L: Wenn Darwin meint, dass Fische blind sind, weil sie sich einer Umgebung anpassen, in der keine Augen vonnöten sind, dann irrt er. Die WESENHEIT evolviert in dunklen Räumen, weil es in dieser Evolutionsphase ihre ESSENZ ist, durch eine augenlose Entwicklung zu gehen. DARUM wird sie auch in eine solche Umgebung „gezogen".
Jede Wesenheit enthält alle Möglichkeiten der Entwicklung in sich. Der Anreiz durch die Umgebung ist sekundär (siehe „Evolution"). Außerdem sind diese „blinden" Tiere gar nicht blind. Sie haben ein „Auge", eine Art reflektierende Drüse, welche sich unter einer durchsichtigen Haut befindet und ihnen Licht und Finsternis anzeigt. Dies wird indirekt sogar von Darwin bestätigt, wenn er schreibt: „Das einfachste Organ, welches ein „Auge" genannt werden kann, besteht aus einem von Pigmentzellen umgebenen und von durchscheinender Haut bedeckten Sehnerv, aber noch (oder schon wieder?) ohne Linse oder andere lichtbrechende Körper. Wir finden dann (nach Jordan) Aggregate von Pigmentzellen, welche, ohne einen Sehnerv zu besitzen, einfach auf der Sarcodemasse aufliegen und allem Anschein nach als Sehorgane dienen." Und dann: „Augen der erwähnten einfachen Art gestatten kein deutliches Sehen, sondern dienen nur dazu, Licht von Dunkelheit zu unterscheiden". Genau.

AMEISEN
D: Die Ameise unterscheidet sich in ihren Geisteskräften sehr von der Schildlaus.
L: Stimmt. Die Ameise und der Biber besitzen tierisches Bewusstsein einer höheren Art.
D: Blattläuse liefern süße Exkretionen nicht zum eigenen Nutzen, sondern zum Nutzen anderer, in diesem Falle der Ameisen, welche diese Blattläuse melken.
L: Falsch. Es liegt genau in der Entwicklung der Blattläuse, dass sie eben durch Abgabe von süßer Exkretion Erfahrung (und Karma) sammeln. Darum ist dieser Vorgang FÜR SIE von mindest ebenso großer Bedeutung wie für die Ameisen, welche diese Blattläuse melken.
D: Die Ameise hält Sklaven, von denen sie unbedingt abhängig ist, da diese Ameisenart ohne solche Sklaven schon längst ausgestorben wäre.

L: Die Ameise (wie auch der Biber) ist behaftet mit einem tierischen Bewusstsein höherer Art. Wie alle anderen Tiere stammt die Ameise auch vom Menschen ab, ist sozusagen eine Manifestation ebensolcher Tendenzen, andere Arten zu unterdrücken zum Zwecke des eigenen Fortbestandes. Auch hier ist Karma im Spiel, welches nur durch Reinkarnation ausgelebt werden kann.
D: Ameisen werden geschlechtslos durch natürliche Zuchtwahl.
L: Falsch. DIE WESENHEIT geht in einer solchen Phase durch eine geschlechtslose Entwicklung, weil es eben (von innen nach außen) ihr Evolutionsziel ist, nur sekundär bestimmt von Außenreizen.

AMERIKA
D: Die Gleichheit der Pflanzenarten von Nordamerika und Europa ist sehr merkwürdig, wenn man die große Entfernung beider Gegenden und ihrer Trennung durch das ganze Atlantische Meer bedenkt. Die nördlichen Teile der Alten und der Neuen Welt müssen miteinander verbunden gewesen sein.
L: Stimmt. Daher die Gleichheit der Pflanzen
.
AMMONITEN
D: Das Aussterben der Ammoniten am Ende der sekundären Periode geschah durch Verdrängung.
L: Das Aussterben einer Art geschieht, wenn die WESENHEITEN in dieser Art alle zu machenden Erfahrungen gemacht haben. Dann „stirbt die Art aus" und die Wesenheiten suchen sich höher entwickeltere Formen aus, durch die sie evolvieren.

ANALOGIE (analoge Abänderungen)
D: Durch analoge Abänderungen erlangte Charaktere sind nur unwesentlicher Art. Bestimmend ist die natürliche Zuchtwahl.
L. Falsch. Alles in der Natur entwickelt sich nach dem Gesetz der Analogie. Wie oben so unten. Die ANALOGIE ist der Schlüssel zu den Geheimnissen der Natur. Die menschliche Intelligenz, welche auf kosmischen Faktoren basiert, operiert analogisch. Z.B.: Es gibt ein Gesetz, welches das gesamte Universum beherrscht, nämlich das Gesetz von Karma und Wiedergeburt. Mineralien, Pflanzen, Tiere und Menschen entwickeln sich analogisch im Rahmen dieses Gesetzes. Ja sogar Mineralien machen Karma, denn im Herzen und Kern eines jeden Atoms befindet sich eine lebende, wenn oft auch noch „schlummernde" Wesenheit, welche sich analog zu einem Gott im Werden entwickelt.

Alles lebt. Hermes postulierte einst: „Wie oben so unten“. Das ist reine Analogie. Damit meinte er auch, dass jede uns sichtbare Lebensform ein uns (noch) nicht sichtbares Gegenstück hat in oberen bzw. inneren Sphären. Dies bedeutet eine uniforme Verhaltensweise der Natur und aller ihrer Lebewesen. Nichts und niemand entgeht dem Gesetz der Analogie in der Natur. Ich gebe ein weiteres, wenn auch sehr gewagtes Beispiel für Analogie in der Natur. Wir leben auf einem KOSMISCHEN Atom, dessen Kern die Sonne ist und dessen Elektronen etc. die Planeten unseres Sonnensystems sind. Dieses kosmische Atom ist wiederum nur eines von BILLIONEN Atomen und Molekülen, welche den Körper einer Wesenheit ausmachen, auf dessen Atomen und Molekülen wir leben. In gleichem Maße leben auf den Atomen und Molekülen unseres Körpers Wesenheiten, die sich durch und in uns entsprechend dem Gesetz der Analogie entwickeln und für die WIR „Götter sind“, und so weiter folgend dem Gesetz der Analogie. Sogar unsere Wissenschaftler bestätigen diese These bereits, wenn auch nur vorsichtig, indem sie bestätigen, daß Atome analogisch die Strukturen und Kräfte des Sonnensystems, in dem wir leben, kopieren bzw. auf gleichem Prinzip funktionieren. Wer also analogisch denkt, denkt richtig.

ANDAMAN INSELN (Vorkommen von Kröten)
D: Der allgemeine Mangel von Fröschen, Kröten und Molchen auf z.B. den Andaman Inseln lässt sich nicht aus der natürlichen Beschaffenheit dieser Inseln erklären, es scheint vielmehr umgekehrt, als wären diese Inseln eigentümlich gut für diese Tiere geschaffen.
L: Richtig. Doch die Erklärung dafür liegt in der Tatsache, dass es im Augenblick keine Wesenheiten gibt, welche unter solchen Bedingungen sich manifestieren und evolvieren. Oder: Die Schule mag immer noch stehen, doch die Schüler bleiben aus. Die Naturreiche sind ja nichts weiter als Schulen für die Lebewesen, um sich dort zu entwickeln, zu lernen und zu evolvieren. Doch anstatt sich mit den Fröschen der Andaman Inseln zu befassen, hätte Darwin sich besser auf das Studium der Andaman INSULANER konzentrieren sollen, dann wären ihm einige Lichter aufgegangen. Und zwar folgendermaßen: Ein Teil der Menschheit erzeugte vor vielen Millionen von Jahren Junge mit Weibchen einer anderen, nur halbmenschlichen, wenn nicht ganz tierischen Rasse. Die aus dieser Vereinigung hervorgehenden Hybriden pflanzten sich nicht nur selbständig fort, sondern brachten auch die Ahnen der heutigen menschenähnlichen Affen hervor. Dies war beim ersten Anbeginn der physischen Menschheit der Fall. Die Natur hat seit damals ihre Verfahren geändert, denn

heute ist Unfruchtbarkeit das Ergebnis einer solchen bestialischen Vereinigung. Die Abkömmlinge dieser halbtierischen Stämme oder Rassen existieren heute noch. Sie sind von entferntem lemurischen, aber auch lemuro-atlantischem Ursprung. DIES sind die australischen Aborigines und die Andamaninsulaner. Auch die von Darwin erwähnten und jetzt ausgestorbenen Tasmanier gehörten zu den Abkömmlingen jener Tiermenschen, welche die Ahnen der Affen waren. Doch Darwin wusste nichts mit den Tasmaniern anzufangen. Verwundert schreibt er über einen Fall bei einem tasmanischen Stamme, dessen Weiber plötzlich von Unfruchtbarkeit befallen werden und zwar einige Zeit, nachdem unter ihnen europäische Kolonisten angekommen waren. Darwin versuchte diese Tatsache durch einen Wechsel der Lebensweise, der Nahrungsbedingungen u.s.w. zu erklären. Doch auch dies schien ihn nicht zu befriedigen und so gab er schließlich frustriert auf. Doch die Erklärung dafür ist folgende: „Kreuzung" von Europäern mit Tasmanierinnen brachte Unfruchtbarkeit mit sich. Warum? Weil die Tasmanierinnen Vertreter einer Rasse waren, deren Vorfahren ein gemütloses Ungeheuer und ein wirklicher, wenn auch noch sehr unterentwickelter Mensch waren. Unfruchtbarkeit ist also nicht nur Folge eines physiologischen Gesetzes, sondern auch ein Gesetz der Analogie basierend auf Karma und Wiedergeburt. Ein weiteres Überleben einer solchen abnormen Rasse ist darum unmöglich. Übrigens, was Inseln anbelangt: Inseln sind die Spitzen einstiger Berge, deren Rest nun von Wasser bedeckt ist.

ANTARKTISCHE INSELN (alte Flora)

D: Neuseeland, Süd-Amerika und andere südlichen Länder wurden vor langer Zeit teilweise von einem entfernt gelegenen Mittelpunkte, nämlich von den antarktischen Inseln aus, bevölkert, als diese Inseln während einer wärmeren Tertiärzeit vor dem Anfang der letzten Glazialperiode mit Pflanzenwuchs bekleidet waren.

L: Hätte Darwin Arktis statt Antarktis gesagt, dann hätte er Recht gehabt. Alles Leben manifestierte zunächst auf dem Nordpol unseres Planeten und breitete sich DANN über die ganze Kugel aus. Das einst sonnige, glückliche Land, die Wiege der frühesten Menschheit ist.... der Nordpol.

Übrigens, ganz gleich wie viele Erschütterungen unser Planet erleben muss, Nord- und Südpol werden bis zum Ende des Planeten stets die gleichen bleiben, nicht in Temperatur, aber in Struktur.

ARABISCHE PFERDE

D: Durch Züchtung und Erziehung ist die ganze Masse der englischen Rennpferde dahin gelangt, in Schnelligkeit und Größe ihren arabischen Urstamm zu übertreffen.

L: Richtig. Es sind aber immer die (oft in „Warteposition" befindlichen) WESENHEITEN, welche die Gelegenheit ergreifen und das durch Zucht entwickelte Gefährt, den Körper, übernehmen und sich durch ihn entwickeln. Die Wesenheiten ergreifen JEDE Gelegenheit, durch eine und in einer Form zu leben. Unfruchtbarkeit wird einsetzen, wenn die Analogie-Gesetze der Natur überschritten werden. Es ist übrigens die den Keim übernehmende Wesenheit, welche dann auch stark die jeweils zu züchtende Form bestimmt. Darum wundert sich Darwin auch, wenn Züchter manchmal das von ihnen erwartete Ergebnis nicht erlangen. Die Erklärung ist einfach: Die inkarnierende WESENHEIT bestimmt zum größten Teil den Ablauf der gezüchteten Formen.

ARAL-KASPISCHES MEER

D: Was bedeutet das merkwürdige Gesetz der Aufeinanderfolge gleicher Typen in gleichen Ländergebieten während späterer Tertiär-Perioden? Nehmen wir zum Beispiel die Beziehungen zwischen den erloschenen und lebenden Landschnecken auf Madeira und zwischen den ausgestorbenen und jetzigen Brackwasser-Conchylien des Aral-Kaspischen Meeres.

L: Die Antwort auf diese Frage ist wieder: ANALOGIE. Diesem Gesetz muss sich auch jedes andere Gesetz unterordnen. Man kann eben NICHT, wie Darwin auch schon ganz richtig schreibt, aus der Unähnlichkeit der physikalischen Bedingungen die Unähnlichkeit der Bewohner dieser zwei Kontinente folgern. Das gleiche gilt auch für die Ähnlichkeit zweier Kontinente und der angenommenen Ähnlichkeit ihrer Bewohner. Einander unähnliche Kontinente mit gleichem Typus Bewohner waren entweder einst verbunden oder aber die Wesenheit selber entschloss sich eben dort und nicht woanders, ihrem Karma entsprechend, zu evolvieren.

ARTEN

D: Es ist äußerst verwirrend, daß die polymorphen Arten einen ganz außergewöhnlichen Grad der Veränderung erfahren, wobei man nicht weiß, ob dies Arten oder Varitäten sind.

L: All dies wäre überhaupt nicht verwirrend, wenn man wüsste, dass ALLE Arten vom MENSCHEN abstammen. Arten sind so verschieden wie die Menschen, denen sie entstammen. Arten sterben aus, wenn die WESENHEITEN in diesen Arten oder Formen nichts mehr lernen können. DANN manifestieren die Wesenheiten in höheren Arten und Formen, und die alten Arten „sterben aus“.

ASCENSION-Pflanzen

D: Das kahle Eiland Ascension besaß ursprünglich nicht ein halbes Dutzend Blütenpflanzen; jetzt sind viele dort naturalisiert worden. Dies ist nicht vereinbar mit der Lehre der selbständigen Erschaffung aller einzelnen Arten.

L: Der Theologe Darwin war oft hin- und hergerissen zwischen der Frage: Ist die Welt erschaffen oder ist alles Evolution aus einem Urschleim? Die Antwort auf diese Frage hat ja nun wohl dieses Buch gegeben.

AUFRECHTER GANG DES MENSCHEN

D: Der Mensch ging erst auf allen Vieren und dann aufrecht. Der aufrechte Gang entwickelte sich aus dem gebückten, weil es für den Menschen ein Vorteil war, fest auf seinen Füßen stehen zu können und seine Arme und Beine frei zu haben, woran nach seinem so hervorragendem Erfolg im Kampf ums Dasein kein Zweifel besteht.

L: Falsch. Der Mensch ging IMMER aufrecht. Der Archäologe Udo Kruse-Schulz selbst muss eingestehen, dass es (durch versteinerte Spurenfunde im heutigen Tansania bewiesen) bereits vor nahezu 4 Millionen Jahren aufrecht gehende Zweibeiner gab. Er nennt sie Homoniden.

AUGE

D: Das Auge ist das einfachste Organ des Körpers. Die Vernunft sagt mir, dass zahlreiche Abstufungen von einem unvollkommenen und einfachen bis zu einem vollkommenen und zusammengesetzten Auge nachgewiesen werden können.

L: Darwin fehlt das Wissen über die frühen Menschenrassen, welche nur EIN AUGE hatten. Dann erschienen zwei neue Augen in der Stirn. Diese Rassen hatten nun DREI Augen. Das Mittelauge versank mit der zunehmenden Stofflichkeit des Menschen in der Stirn und nur die zwei Augen verblieben.

Diese Entwicklung gilt auch für viele Tiere, die ja alle dem MENSCHEN entstammen. In sehr spirituellen Menschen ist dieses „Dritte Auge“ immer noch aktiv und es kann in metaphysische Sphären blicken. Wer die Rassen mit dem einen und den drei Augen waren und wie sie sich zu den Rassen von heute entwickelten, wird im Detail im *BUCH DES LICHTS* beschrieben. Die Augen des Menschen wachsen übrigens aus dem Gehirn nach außen an die Schädeloberfläche und sind nicht wie beim Tintenfisch und bei Insekten ein Teil der Haut. Übrigens: Auch mit dem Auge „sieht“ man in Wirklichkeit gar nicht. Was geschieht, ist folgendes: Licht fällt auf ein Objekt, reflektiert von dort auf die Netzhaut des Auges. Diesen „Eindruck“ nennt man dann „Sehen“. Aber längst nicht alle Lichtwellen oder Spektren, die vom Objekt auf das Auge reflektiert werden, können auch von diesem Auge „erkannt“ werden. Das TIER zum Beispiel kann mehr bzw. ganz andere von Objekten reflektierte Lichtfrequenzen empfangen. Ein Mensch mag dann für ein Tierauge eben nicht so aussehen, wie er uns erscheint, sondern eher wie ein Energiefeld etc.

D: Die Augen der Maulwürfe und einiger wühlender Nager sind an Größe verkümmert und in manchen Fällen ganz von Haut und Pelz bedeckt. Dieser Zustand der Augen rührt wahrscheinlich von fortwährendem Nichtgebrauch her, dessen Wirkung aber vielleicht durch natürliche Zuchtwahl unterstützt worden ist.

L: Falsch. Der Grund für die Verkümmerung der Augen bei Maulwürfen und anderen Nagern ist der, dass die im Augenblick in der Wesenheit stattfindende Evolution ein solches Lehrprogramm nicht vorgesehen hat. Wenn ein entsprechendes Evolutionsprogramm zum Tragen kommt, würde der Maulwurf seine unterirdische Welt verlassen und sich oberhalb ansiedeln.

AUSSTERBEN

D: Aussterben der Arten ist bedingt durch natürliche Zuchtwahl.

L: Ganz falsch. Arten (und deren Lebensformen) sterben aus, wenn die Lektion gelernt ist, wenn die Wesenheiten in den Arten durch diese Art keine weiteren Erfahrungen mehr sammeln können. Sie wechseln dann in andere Arten. So war das auch mit den Sauriern, DAS ist der wahre Grund für deren Aussterben und nicht irgendein Meteorit.

AUSTRALIEN

D: In den australischen Säugetieren erblicken wir den Prozess der Differenzierung auf einer noch frühen und unvollkommenen Entwicklungsstufe.

L: Richtig, wenn Darwin mit früh ALT meint, denn diese Säugetierarten entstammen alle dem Menschen. Um dies zu verstehen, muss man natürlich wissen, was Australien WIRKLICH war. Ich kann hier nur andeuten, was im *BUCH DES LICHTS* in Detail beschrieben wird. Australien und Europa waren

einst ein Kontinent, und zwar vor vielen Millionen von Jahren in der Sekundärzeit. In Australien findet eine „Verzögerung“ statt. In Australien hat weniger Veränderung stattgefunden als anderswo auf Erden. Warum wohl? Darwin gibt dafür keine Erklärung, ich sehr wohl. Und zwar: Die Natur der Umgebung entwickelt sich gleichen Schrittes mit der betreffenden Rasse. Analogie und Entsprechung herrschen überall. Australien kann keine neuen Formen und frischen Rassen hervorbringen, wenn ihm nicht neue und frische Rassen (wie das ja jetzt der Fall ist) und neue Kultur und Züchtung zu Hilfe kommen. Die sogenannten Ureinwohner von Australien (Aborigines) wiederum entstammen den überlebenden Lemuriern, deren Kontinent sank. Die Aborigines von Australien sind eine sehr niedrige Unterrasse, das Resultat von Sex zwischen Tiermenschen, welche selber menschliche und tierische Eltern hatten. Dies erklärt auch, warum Australien zwar eines der ältesten Länder auf Erden ist und trotzdem noch „jungfräulich“. Also: Die australischen Aborigines stammen nicht einmal von den menschenähnlichen Affen ab, wie manche Darwinisten glauben mögen, sondern von menschlichen Vätern und halbmenschlichen Müttern bzw. von menschlichen Ungetümen. Die wirklichen Anthropoiden (Catarrhinen und Platyrrhinen) kamen viel später kurz vor dem Untergang von Atlantis. Die flachköpfigen Ureinwohner Australiens sind die Überreste einer einst großen Nation (Lemurien der Dritten Rasse).
Alles über den Ursprung und die Zukunft Australiens finden wir im *BUCH DES LICHTS.*
D: Noch viel auffallender ist die Tatsache, dass eigentümliche südaustralische Formen durch Pflanzen vertreten werden, welche auf den Berghöhen von BORNEO wachsen. Einige dieser australischen Formen existieren bis längs der Höhen der Halbinsel Malacca und ...bis Japan.
L: Richtig, und dies ist so, weil Australien einst mit diesen Kontinenten verbunden war. SIE waren das damalige LEMURIEN.

AZOREN, Flora

D: Da den Azoren eine (im Verhältnis zu den übrigen dem Festland näher gelegenen Inseln des Atlantischen Meeres) große Anzahl von Pflanzen mit Europa gemeinsam ist und insbesondere Arten, die einen etwas nördlicheren Charakter haben, als der Breite entspricht, so vermute ich, dass ein Teil derselben mit Eisbergen in der Glazialzeit dahin gelangt ist... Eisberge haben ihre Bürden an der Küste dieser mittelozeanischen Inseln abgesetzt, und so ist es wenigstens möglich, dass auch einige Samen nordischer Pflanzen mit dahin gelangt sind.

L: Der wahre Grund, weshalb auch Samen nordischer Pflanzen dahin gelangt sind ist ein anderer, nämlich der, dass die Azoren Überbleibsel eines einst riesigen Kontinents waren, eines Kontinents, der Afrika mit Amerika verband. Zu den Überresten dieses Kontinents zählen auch die Madeiras und die Kapverdischen Inseln. DAS ist die wahre Erklärung für die von Darwin erwähnte Wesensgleichheit der Pflanzen- UND Tierarten. Sie zeigen den früheren Zusammenhang zwischen Amerika und den übrig gebliebenen Inselgruppen. Zu glauben, wie viele Wissenschaftler es tun, dass die Samen dieser Pflanzen von der Alten zur Neuen Welt getrieben wurden, ist unsinnig. Die Wahrheit ist einfach und macht Sinn. Und die Wahrheit ist, dass da einst ein riesiger Kontinent war. DIES erklärt auch, warum Fossilien aus der Jurassischen Epoche, die an der Ostküste von Südamerika aufgefunden wurden, nahezu identisch sind mit den jurassischen Fossilien des westlichen Europa und des nördlichen Afrika. Weitere Ähnlichkeiten sind zu finden zwischen den kleineren Seetieren der südamerikanischen, westafrikanischen und südeuropäischen Küsten. Warum? Weil es eben in grauer, entfernter, vorgeschichtlicher Zeit einen Kontinent gab, welcher sich von der Küste von Venezuela quer über den atlantischen Ozean zu den kanarischen Inseln und nach Nordafrika erstreckte, sowie von Neufundland bis nahezu an die Küste von Frankreich. Nur weil der Ozean durch ein ATLANTIS oder einen atlantischen Kontinent überbrückt wurde, nur dadurch lässt sich befriedigend erklären, warum zum Beispiel die jurassischen Fossilien von Nordamerika, Nordafrika und Westeuropa einander so ähneln. Die Fauna und Flora der Alten und Neuen Welt gleichen einander oft so sehr, weil die Alte und Neue Welt eben einst miteinander verbunden waren.

BAER, van

D: Van Baer`s Maßstab scheint noch der beste und am allgemeinsten anwendbare zu sein, nämlich das Maß der Differenzierung der verschiedenen Teile ein und desselben Tieres und ihre Spezialisierung für verschiedene Verrichtungen.

L: Mag sein, aber die wichtigste Aussage des großen Naturforschers van Baer erwähnt Darwin nicht, nämlich „das Streben nach dem Zweck“ in der Evolution. Dieser Zweck ist NICHT, wie Darwin meinen mag, der Kampf ums Dasein oder ums Überleben des Stärksten oder „Zuchtwahl“ etc., sondern der Zweck aller Evolution ist es, das IN DER WESENHEIT liegende Potenzial voll zu entwickeln und nach außen zu tragen. Dies geschieht mit Hilfe der vielen Formen, die, wenn nicht mehr benötigt, abgeworfen werden, was dann den Eindruck des Aussterbens einer Art gibt. Die FORM mag aussterben, DIE WESENHEIT NIEMALS, denn die war (wie die Urmaterie) präexistent, ist unerschaffen und kann darum auch gar nicht im Kern zerstört werden. Was gibt nun den Anstoß für eine evolutionäre Entwicklung der Wesenheit und der Formen? Es ist dies FOHAT, der göttliche Gedanke, welcher treibt und treibt und immer wieder höher und höher treibt, bis.... keine Form mehr benötigt wird. Ja, es gibt einen Gott, und NEIN, es ist kein extrakosmischer Schöpfer.

BAGEHOT (über das Aussterben der Wilden)

D: Merkwürdig ist, wie Bagehot bemerkt hat, die Tatsache, dass die Wilden nicht vor den klassischen Nationen dahinschwanden, wie sie es jetzt vor den modernen zivilisierten Nationen tun. Die wirksamste Ursache des Aussterbens scheint in vielen Fällen verminderte Fruchtbarkeit und Krankheit. Beides sind Folgen veränderter Lebensbedingungen, wobei die neuen Bedingungen an sich nicht schädlich zu sein brauchen.

L: Richtig, was wiederum beweist, dass die Lebensbedingungen nur sekundäre Ursachen für das Aussterben einer Rasse sind. Die HAUTPURSACHE für das Aussterben von Rassen ist auch nicht deren Unfruchtbarkeit. Die wiederum ist eine WIRKUNG. Was ist nun die Ursache für das Aussterben von Rassen? DIE WESENHEITEN sind die Ursache. Wenn die Wesenheiten in der entsprechenden Rasse nichts mehr lernen können, stoßen sie die Formen ab bzw. übernehmen NEUE KEIME in höher entwickelten Körpern. Dies verursacht dann den neuen Typus und das „Aussterben“ des alten Typus. Die nächsten Rassen, die aussterben werden, sind unter anderem die Hawaianer, Eskimos und Indianer etc. DIE WESENHEITEN in diesen Rassen werden sich neue Keime und Körper suchen. Darwin präsentiert also meist WIRKUNGEN und fast nie Ursachen für den heutigen Entwicklungsstand der Welt und des Menschen.

BEHAARUNG (verschiedener Rassen)

D: Beim Makakus-Schimpansen befinden sich Haare auf der nackten Haut oberhalb der Augen, ... die unseren Augenbrauen entsprechen.

L: Stimmt. Das ist so, weil der Makakus-Schimpanse VON UNS, dem Menschen, abstammt.

D: Die wollige Bedeckung des menschlichen Embryos repräsentiert wahrscheinlich das erste bleibende Haarkleid derjenigen Säugetiere, welche behaart geboren werden.

L: Stimmt, weil die Säugetiere vom Menschen abstammen und weil der Mensch im Uterus während neun Monaten die Entwicklung durchlebt, die er selbst durchlaufen hat. Auf Erden war der Mensch immer Mensch, und vom ihm stammen alle Tiere ab. Haare sind Temperaturregler des Körpers und außerdem Materialisationen der Peripherie des aurischen Körpers, der den physischen umschließt.

BEUTELSÄUGETIERE

L: Kleine Beutelsäugetiere waren gleichzeitig mit den gewaltigen reptilischen Ungeheuern der Sekundärzeit. Anders gesagt: Die Säugetiere, deren erste Spuren mit den Beuteltieren der triassischen Felsen der Sekundärzeit entdeckt wurden, entwickelten sich aus ASTRALEN Vorfahren, welche lange vor der Sekundärzeit im astralen Zustand existierten. Somit sind die Beuteltiere bzw. deren Ahnen ebenfalls NACHMENSCHLICH und VOR dem Affen. Dies wiederum erklärt die allgemeine Ähnlichkeit zwischen den embryonalen Zuständen der Beuteltiere und jenen des Menschen, denn es ist DER MENSCH, welcher notwendigerweise die Züge der Gruppe, deren Ursprung er war, in sich umfasst und in seiner Entwicklung auszugsweise wiedergibt. Geologen und Anthropologen irren also, wenn sie behaupten, dass in der Sekundärzeit die einzigen Säugetiere die kleinen Marsupalia oder Beuteltiere waren, weil man von ihnen fossile Überreste in diesen Gesteinsschichten fand... Die Tertiärperiode darum „Säugetierzeitalter" zu nennen, ist irreführend. Es gab in der Sekundärzeit außer den Beuteltieren sehr wohl noch andere Säugetiere und nicht bloß, wie von Geologen behauptet, Reptilien, Vögel, Amphibien und Fische.

BEUTELTIERE

D: Die Beuteltiere stehen in vielen bedeutungsvollen Merkmalen unter den plazentalen Säugetieren. Sie erscheinen in einer früheren geologischen Periode. Es wird daher allgemein angenommen, dass die Plazentalen sich von den Implazentalen oder den Beuteltieren abgezweigt haben... in den Vorfahren der jetzt existierenden Marsupalien .... . Bei dem Versuch, die Genealogie der Säugetiere und damit auch des Menschen noch weiter abwärts in der Tierreihe zu verfolgen, kommen wir mehr und mehr ins Dunkle.

L: Aber nur, wenn wir annehmen, dass der Mensch vom Tier abstammt, während das Umgekehrte der Fall ist. Dabei war Darwin der Wahrheit bereits so nahe, als er in „Abstammung des Menschen" schrieb: „Irgendein entfernter Vorfahr des ganzen Wirbeltierreiches scheint zwittergeschlechtlich oder androgyn gewesen zu sein." Richtig, Herr Darwin, und dieser Vorfahr war der zunächst zwittergeschlechtliche und dann in Geschlechter getrennte Mensch. Die plazentalen Tiere stammen nicht von den implazentalen ab. Es sind die implazentalen Tiere, die von den plazentalen MENSCHEN abstammen bzw. von dem Menschen, der alle Möglichkeiten der Entwicklung, so auch der plazentalen, in sich trägt. Die Beuteltiere stammen vom MENSCHEN ab, waren zunächst zwittergeschlechtlich (weil DER MENSCH ebenfalls zunächst zwittergeschlechtlich war) und entwickelten sich dann in Geschlechter. Es ist nicht schwer, die allgemeine Ähnlichkeit zwischen den embryonalen Zuständen der Beuteltiere und jenen der Menschen zu sehen. Die Beuteltiere sind weitaus älter als die triassischen Felsen, in denen ihre Fossilien entdeckt wurden. Man bedenke: Die Möglichkeit eines jeden für das tierische Leben nützlichen Organs ist im Menschen eingeschlossen, denn der Mensch ist der URSPRUNG aller tierischen Formen auf Erden.

BIENEN

D: Bienen mit Stachel vertilgen und vertreiben Bienen ohne Stachel in Australien. Es ist aber nicht immer ersichtlich, warum eine Art über die andere im Kampf ums Dasein gewinnt.

L: Darwin irrt, wenn er glaubt, dass sich alles in der Natur nur um den Kampf ums Dasein dreht. Der Hauptimpuls ist die Evolution, welche von innen nach außen drängt und ALLE Möglichkeiten nutzt um diese Evolution zu vollenden. Äußere Umstände sind sekundär (siehe KAMPF UMS DASEIN). Doch auch die „Umgebung" ist ja nichts weiter als Wesenheiten in Manifestation, im jeweiligen Stand ihrer evolutionären Entwicklung befindlich.

D: Bienen befruchten Blumen.

L: Es sind eher die BLUMEN, welche die Bienen verführen bzw. dazu benutzen, den süßen Blumenpollen zu trinken. Während die Biene dies tut, benetzt sie sich mit dem Pollen (Samen) der Blume und trägt ihn so weiter zu anderen Blumen. Ich behaupte hier, dass die Blume in gewisser Weise der Biene weit überlegen ist. Da ist also eine überlegene Intelligenz zugange, nämlich die in der Blume manifestierende und inkarnierende Wesenheit, deren Schule die Natur ist und deren Klassenziel das Blumenreich ist. Hat sie dies erreicht, manifestiert die Wesenheit weiter in anderen Naturreichen.

D: Ein Arbeiter könnte nicht unbedingt dieselbe gleichmäßige Wabenstruktur der Bienen mit seinen Händen nachbilden.

L: Richtig. Der Grund, warum Bienen und Spinnen etc. so mathematisch genau Strukturen erschaffen, liegt in der mathematischen Struktur der Natur. Kein Gott hat dies erschaffen, sondern das war und ist so und wird immer so bleiben. Wie oben so unten. Was sich im Sichtbaren manifestiert, existiert bereits in abstracto. Nur wer *DAS BUCH DES LICHTS* liest, wird diese These voll verstehen. Hier ein kleiner Hinweis. Bienen sind „Feuertiere".

BIOGENETISCHES GESETZ DER EMBRYONALEN REKAPITULATION

L: Kontrolliert das embryonale Wachstum. Es besagt auch, dass der Mensch als Embryo in utero durch jene Entwicklungsstadien geht, die er als Lebewesen und Art in vergangenen biologischen Epochen durchlief. Damit wäre auch bewiesen, dass der frühe Mensch zunächst geschlechtslos war und sich erst später in die Geschlechter teilte bzw. sich dahingehend entwickelte, denn auch das Embryo ist zunächst geschlechtslos in den ersten 6-8 Wochen seiner Entwicklung in utero.

BRÜSTE

D: Die Milchdrüsen sind der ganzen Klasse der Säugetiere eigen und für ihre Existenz unentbehrlich; sie müssen sich daher zu einer äußerst frühen Zeit entwickelt haben, und über die Art und Weise ihrer Entwicklung können wir nichts Positives wissen.

L: Darwin nicht, wir schon. Denn: Die Säugetiere haben Milchdrüsen, weil der MENSCH Milchdrüsen hat. Alle Säugetiere stammen vom MENSCHEN ab und entwickeln sich entsprechend.

CAP-VERDISCHE INSELN

D: Es besteht eine große Ähnlichkeit zwischen der vulkanischen Natur des Bodens, dem Klima und der Größe und Höhe der Inseln der Galapagos einer- und der Capverdischen Gruppe andererseits.

L: Richtig. Der Grund dafür ist, daß Inseln nichts weiter sind als frühere Spitzen von Bergen, Berge, die einst durch Täler miteinander verbunden waren. DARUM fand Gardner auf den Organ-Bergen Brasiliens einige wenige europäische temperierte, einige antarktische und einige Andengattungen von Flora, welche in den weitgedehnten warmen Zwischenländern nicht vorkommen. Dort oben überleben halt die einst gemeinsamen Arten, als die Kontinente noch miteinander verbunden bzw durch Wasser nicht getrennt waren.

D: Die Larve einer Cecimodyia, also die Made einer Fliege, erzeugt ungeschlechtlich andere ähnliche Larven und diese wiederum andere, welche endlich in reife Männchen und Weibchen entwickelt werden, die ihre Art in der gewöhnlichen Weise durch Eier fortpflanzen.
L: Hier enthüllt Darwin, ohne es zu ahnen, das Geheimnis der Fortpflanzung der frühen geschlechtslosen Menschenrassen vor über 100 Millionen von Jahren. Die frühen androgyn-geschlechtslosen Menschen pflanzten sich ebenfalls durch Selbstteilung zunächst geschlechtslos fort. DANN, vor etwa 18 Millionen Jahren, erzeugten diese geschlechtslosen menschlichen „Larven" männliche und weibliche Geschlechter, die sich dann sexuell fortpflanzten. DESHALB ist diese Fähigkeit der geschlechtslosen Vermehrung auch noch heute in einigen Tierarten zu finden, weil sie VOM MENSCHEN stammt, dem Ursprung aller Tiere. Einheit der Strukturen erklärt sich aus der Einheit des URSPRUNGS dieser Strukturen - dem Menschen. Verschiedenheit der Arten und Strukturen erklärt sich aus dem IM MENSCHEN enthaltenen Potential, diese verschiedenen Strukturen zu entwickeln.

CATARRHINEN UND PLATYRRHINEN (Schmalnasenaffen der Alten und Breitnasenaffen der Neuen Welt)
D: Die Simiaden teilen sich in die Gruppen der Catharrinen oder Altweltaffen und die Gruppe der Platyrrhinen oder Neuweltaffen. Auch der Mensch gehört durch seine Zahnbildung und den Bau seiner Nasenlöcher etc. zu den Catherrhinen oder den Altweltaffen. Es kann daher kein Zweifel darüber bestehen, dass der Mensch ein Sprössling des Simiadenstammes der Alten Welt ist und zu den Catherrinen gehört.
L: Zum Teil falsch. Die Catherrhinen und Platyrrhinen stammen vom Menschen ab. Dies geschah in den letzten Tagen von Atlantis vor einigen Millionen von Jahren, als degenerierte Atlantiden Sex mit Tieren hatten bzw. mit Tiermenschen. S. auch „Altweltaffen" und „Neuweltaffen".

DEGENERATION (domestizierter Rassen)
D: Mangel an Sorgfalt oder auch übel angebrachte Sorgfalt, führen zur Degeneration einer domestizierten Rasse. Bei schwachen und inferioren Mitgliedern besteht geringere Neigung zum Heiraten als bei den Gesunden.
L: Mag sein. Doch die wahre Ursache für Degeneration ist KARMA, das heißt eigenes Handeln Leben für Leben. Dies ist die Ursache für eine eventuelle Geburt in einem degenerierten Körper. So lernt die Wesenheit.

D: Der Blinddarm ist nutzlos.
L: Falsch. Die Natur macht keine Fehler. Der Blinddarm dient der Entgiftung des Darmes. Eine Entfernung des Blinddarms hat Folgen, die sich auf lange Sicht bemerkbar machen. Tiere und Affen haben einen Blinddarm, weil DER MENSCH einen Blinddarm hat und in sich das Potenzial trägt für ALLE entwickelten und noch zu entwickelnden Organe der Tierwelt.

DOLICHOZEPHALIE (und Brachyzephalie) Lang- und Kurzschädeligkeit.
D: Eine der ausgesprochenen Verschiedenheiten bei den verschiedenen Menschen ist die, dass der Schädel bei den einen länglich, bei den anderen rund ist.
L: Richtig. Und die „Langschädeligkeit" der Ureinwohner Amerikas weist auf eine nahe Verwandschaft mit den Guanchen der kanarischen Inseln und mit den atlantischen Völkerschaften von Afrika, den Mauren, Tuaricks, Kopten, also mit den Ägypto-Atlantiern. Darum sage ich, dass die Basken und die Höhlenmenschen von Cro-Magnon derselben Rasse angehören wie die kanarischen Guanchen und ich folgere daraus, dass die ersteren auch mit den Ureinwohnern von Amerika verwandt sind. Diese Schlussfolgerung wird übrigens bestätigt durch die unabhängigen Untersuchungen von Retzius, Virchow und de Quatrefages.

DOMESTIKATION (Züchtung durch den Menschen)
D: Der Mensch ist nicht domestizierter als das Tier.
L: Stimmt. Das Tier bzw. die Wesenheit im Tier drängt ins Menschenreich. Darum ist das Tier bzw. die Wesenheit im Tierkörper domestizierbar, lernt alles vom Menschen, was es nur lernen kann, um endlich den Tierkörper abzustoßen und ins Menschenreich zu wechseln. Lieber Leser, DIE WESENHEIT manifestiert viele Male durch alle Naturreiche als Stein, Tier, Pflanze, Mensch und... wer mehr wissen will, der lese *DAS BUCH DES LICHTS*.

DRYOPITHECUS, fossiler Affe im Miozän von Europa
D: Während des Miozäns lebte in Europa der anthropomorphe Affe Dryopithecus.
L: Richtig. Daraus zu schließen, dass darum der Mensch erst NACH dem Miozän erschien, ist aber falsch. Der Mensch war VOR dem Miozän und der Dryopithecus stammt vom Menschen ab. Vor allem: Wenn der Mensch vom Affen abstammt, wie erklärt sich dann Darwin die Entwicklung dieses Affen zum

Menschen während der ersten Hälfte des Miozäns? Man bedenke: Der sehr menschenähnliche Gibbon steht immer noch auf derselben niedrigen Entwicklungsstufe wie damals, als er mit dem Menschen am Ende der Eiszeit koexistierte. Seit der Pliozänzeit hat sich nicht merklich etwas geändert. Außerdem sehe ich wenig Unterschied zwischen dem Dryopithecus und den bestehenden Anthropoiden, also dem Gibbon, Gorilla, usw. Die Zeit ist viel zu kurz für eine solche Entwicklung vom „Affen zum Menschen". Es ist ja die außerordentliche Langsamkeit, mit welcher eine Variation der Arten eintritt, welche solch einen Wechsel der Arten unmöglich macht, vor allem, wenn man die These der „natürlichen Zuchtwahl" in Betracht zieht. Selbst wenn man, wie verbohrte Evolutionisten, den Menschen und den Dryopithecus auf einen gemeinsamen Affenahnen zurückführen will, stimmt das Ganze immer noch nicht. Man kann es gar nicht oft genug wiederholen: Die vergleichende Anatomie des Menschen und der Anthropoiden ist durchaus keine Bestätigung des Darwinismus. Alle Argumente, die Darwin FÜR seine Theorie vorbringt, sprechen GEGEN ihn und für MEINE Theorie, nämlich dass DER MENSCH die Quelle aller Fauna und Flora ist und dass der Affe vom Menschen abstammt.

EGOISMUS

D: Der Mensch scheint oft impulsiv zu handeln... wenn der Mensch sich ohne Zögern bemüht, einen Mitmenschen zu retten, wird er wohl kaum Vergnügen empfinden. Noch weniger wird er Zeit haben, über das Missvergnügen nachzudenken, das er wahrscheinlich empfinden würde, wenn er den Versuch nicht machte.

L: Genauso ist es. Der Mensch würde MISSVERGNÜGEN empfinden, wenn er den anderen Menschen nicht retten würde. Darum rettet er ihn ja eben, des EIGENEN „Vergnügens" wegen, also aus selbstsüchtigen Motiven. Wie steht es nun mit dem Menschen, der sich NICHT in das brennende Haus stürzt, um den anderen zu retten? Nun, der würde eben Missvergnügen empfinden, wenn er es TÄTE. So ist eben jeder auf sein eigenes Vergnügen aus.

Ich sage, dass alles Sein durchdrungen ist von EGOISMUS bzw. von SELBSTSUCHT. Was auch immer ein Lebenwesen tut, das tut es FÜR SICH. So etwas wie „selbstlose Liebe" oder „Selbstlosigkeit" oder „Aufopferungsbereitschaft für den anderen" oder „Uneigennützigkeit" oder „Mitleid" etc. gibt es überhaupt nicht. Diese Begriffe hat der Mensch erfunden, um bewusst oder unbewusst eines zu vertuschen, nämlich dass er ein EGOIST war und ist vom Anbeginn seines Erscheinens in der Welt.

BEGRÜNDUNG: Zunächst will der unerleuchtete Mensch nur eins: ÜBERLEBEN. Dafür tut er alles, und das ist auch irgendwie verständlich. Wie sieht es aber nun mit der sogenannten MUTTERLIEBE aus, wo doch die (tierische oder menschliche) Mutter ihr eigenes Leben hingibt oder auf's Spiel setzt, um das Leben ihres Kindes zu retten? In einem solchen Falle will die Mutter eigentlich IHR EIGENES Leben retten bzw. diesen Teil von ihr, der bestimmt ist zu überleben. Sie will sich ihre eigene Unsterblichkeit bzw. ihr eigenes Überleben sichern. Sie gibt also einen (den alten) Teil ihrer selbst auf, um den ANDEREN (den neuen) Teil IHRER SELBST zu retten. So ist das. Es ist dies wohl die größte vorstellbare Form von Egoismus, von Selbstsucht und Eigennützigkeit. Wer es anders sieht, der sieht eben die Dinge nicht so, wie sie wirklich sind.
Nun zur sogenannten romantischen und sexuellen Liebe. Warum liebt man denn einen anderen? Weil er einen glücklich macht. FÜR SICH SELBST, also aus egoistischen Motiven. DANN gibt man ihm gerne auch was von sich.
Warum hilft man einer alten Frau über die Straße? Weil man sich SELBST dabei gut fühlt. Es TUT GUT, einem anderen Menschen zu helfen. Warum liebt man dann jemanden, der einen eigentlich nur quält und schlecht zu einem ist? Sado Maso lässt schön grüßen. Wieder tut man es für sich selbst.
Nun zu den Religionen. Die sind der Sammelplatz für ganz besonders selbstsüchtige Menschen. Was immer ein religiöser Mensch tut, das tut er, weil er (so hofft er) in den Himmel kommt und dann für ewig dort leben kann. Wenn die Religionen dem Menschen sagen würden, dass er in die HÖLLE kommt, wenn er Gutes tut, dann würde der Mensch sich ganz schnell zum MEISTER DES BÖSEN entwickeln.
Ich gebe jedem EINE MILLION EURO, der mir auch nur ein Beispiel in der Natur zeigt, wo ein Lebenwesen etwas NUR für andere tut und dabei NICHT gleichzeitig auch für sich selbst.

EMBRYONALE ENTWICKLUNG

D: Der menschliche Embryo selbst kann auf einer gewissen Entwicklungsstufe kaum von den Embryonen anderer Wirbeltiere unterschieden werden... große Ähnlichkeit des menschlichen Embryos mit den Embryonen anderer Säugetiere. Auch noch in späteren Entwicklungsperioden lassen sich auffallende Ähnlichkeiten zwischen den Menschen und den tiefer stehenden Tieren beobachten.

L: Richtig. Doch daraus schließen zu wollen, dass der Mensch vom Tier abstammt ist falsch. Das menschliche Embryo geht während neun Monaten Schwangerschaft durch alle Stadien der Entwicklung hindurch, von 1.Mineral, 2.Pflanze, 3.Tier zu 4.Mensch von heute. Die WESENHEIT war all dies bereits durch Millionen von Leben und Formen im Mineral-, Pflanzen-, Tier- und schließlich Menschenreich und durchläuft in einem neunmonatigen Crashkurs noch einmal alle diese Entwicklungsstufen.

EMPFINDUNGEN und Gefühle.
D: Tiere werden durch dieselben Gemütsbewegungen erregt wie die Menschen.
L: Stimmt. Ich behaupte sogar, dass Tiere oft VIEL INTENSIVER fühlen als Menschen. Tiere sind extrem emotional. Tiere SIND Gefühl, der Mensch dagegen besitzt das Kontrollorgan des Intellekts, dessen Ursprung Darwin nicht kennt, ja gar nicht kennen kann, es sei denn, er hätte *DIE GEHEIMLEHRE* von Blavatsky gelesen. *DAS BUCH DES LICHTS* ist die völlig entschleierte *GEHEIMLEHRE* von Helena Petrovna Blavatsky. So einfach ist das. FALSCH wäre nun aber, zu folgern, dass der Mensch vom Tier abstammt und während der Evolution seine Gefühle besser in den Griff bekam als die Tiere. Alle Tiere stammen vom Menschen ab.

ENTWICKLUNG
D: Der Mensch entwickelte sich aus einer tiefer stehenden Form.
L: Falsch. Darwin verbindet den Menschen mit dem Typus der geschwänzten Schmalnasen und rückt ihn somit um eine Stufe auf der Entwicklungsleiter zurück. Dies entbehrt jeder Logik, und zwar aus folgenden Gründen:
In der Darwinschen Theorie finden Umwandlungen weder durch Zufall noch in jeder Richtung statt, sondern werden durch gewisse Gesetze beherrscht, die eine Folge der Organisation selbst sind. Darwin selbst widerspricht sich, wenn er auf seinem eigenen Gesetz besteht, nämlich dem Gesetz der „permanenten Charakterisierung“. Dieses Gesetz verkündet, dass alle Nachkommen der ersten Mollusken MOLLUSKEN und alle Nachkommen der ersten Wirbeltiere WIRBELTIERE gewesen sind. Dies macht eine Grundlage der Lehre aus. Daraus folgt, dass zwei Wesen, die zwei verschiedenen Typen angehören, zwar auf einen gemeinsamen Ahnen zurückgeführt werden können, aber dass das eine NICHT der Nachkomme des anderen sein kann. Wer ist nun dieser gemeinsame Ahne aller Typen auf Erden? Es ist natürlich der Mensch. Doch weiter: Mensch und Affe bieten einen sehr auffallenden Gegensatz in Bezug

auf Typus, doch ihre Organe entsprechen einander nahezu Stück für Stück, sind aber nach einem sehr verschiedenen Plan angeordnet. Im Menschen sind die Organe so angeordnet, dass er seinem Wesen nach ein GEHER ist, während die Anordnung der Affenorgane den Affen dazu zwingen, ein KLETTERER zu sein. Dies ist ja wohl ein großer anatomischer UND mechanischer Unterschied, man betrachte dazu nur das Skelett eines Menschen, verglichen mit dem Skelett eines der höchst entwickelten Affen. Wenden wir nun weiterhin das Gesetz der „permanenten Charakterisierung“ an, dann wird klar, dass der Mensch gar nicht von einem Ahnen abstammen kann, welcher bereits als Affe charakterisiert ist. Ebenso wenig kann z.B. ein schmalnasiger schwanzloser Affe von einem geschwänzten schmalnasigen abstammen. Vogt hat dies ja auch klar verstanden, wenn er den Menschen unter die Primaten einreiht und erklärt, dass die niedrigste Klasse der Affen die Grenzmarke (der gemeinsamen Ahnen) überschritten hat. Eben jene gemeinsamen Ahnen, von denen die verschiedenen Typen entsprungen und dann auseinander gegangen sind. Diese gemeinsamen Ahnen - so sage ich - waren natürlich DIE MENSCHEN (zunächst astral, dann androgyn protoplasmisch und dann in Geschlechter geteilt). Man muss also die Entstehung des Menschen HINTER den Affen setzen, und dies hat ja auch bereits der berühmte französische Naturforscher de Quatrefagues ganz klar erkannt und auch postuliert. Gerade WENN man an einem sehr entschieden notwendigsten Gesetze der Darwinschen Theorie festhalten will, dann MUSS man den Affen NACH dem Menschen setzen. Damit beweist Darwin MEINE Theorie und widerspricht seiner eigenen. Was ich sagen will, ist: Ein GEHENDES Tier kann nicht von einem KLETTERNDEN Tier abstammen. Wer ist nun dieser gemeinsame Ahne des Affen? Es ist die am niedrigsten entwickelte Menschengruppe der atlantischen Periode vor etwa 9 Millionen von Jahren.

Nun habe ich gesagt, dass der Mensch NICHT hier auf Erden und NICHT durch eine Evolution von unten nach oben gegangen ist. Das ist richtig. Und doch ist es nun an der Zeit, auf eine Tatsache hinzuweisen, die dieser Behauptung zu widersprechen scheint. DIE WESENHEIT geht durch ALLE Naturreiche - vom niedersten Mineralreich über die vielen Stufen des Pflanzen- und Tierreiches bis hoch zum Menschenreich und höher. DIE WESENHEIT, welche im Menschen von heute „steckt“, ist durch diese Entwicklung und verschiedenen Reiche vom niedersten zum höchsten bereits gegangen, hat darin gelernt, allerdings auf einem ANDEREN Planeten als der Erde. Hier auf Erden vor vielen hundert Millionen von Jahren ist die WESENHEIT, welche jetzt im

Menschenkörper manifestiert ist, noch einmal durch das Mineral-, Pflanzen- und Tierreich gegangen, jedoch durch die ASTRALEN Formen dieser Naturreiche, als die Erde in einem astralen Zustand war, also vor mehr als einer Milliarde von Jahren. Dann kam die Wesenheit daraus hervor als zunächst astraler Mensch, um sich dann weiter zu entwickeln, wie hier im Buch beschrieben. Es ist also DIE WESENHEIT oder die sogenannte „Monade", welche all diese Formen annimmt, sie beseelt, in und durch sie lernt, sie wieder abstößt und dann immer weiter lernt und sich entwickelt, dabei viele neue Formen in den Naturreichen annehmend, bis sie NUN im Menschenreich angelangt ist. Danach geht es weiter zu höheren Daseinsebenen, die alle im *BUCH DES LICHTS* beschrieben sind. Mehr kann im Augenblick zu diesem Thema nicht gesagt werden.

EVOLUTION

D: Die Evolution beruht auf dem regellosen Auftreten erblicher Veränderungen in Individuen einer Population. Durch die natürliche Auslese werden nachteilige Veränderungen aussortiert und vorteilhafte Veränderungen weitervererbt. D.h., die evolutionäre Anpassung ist das Ergebnis des Zusammenwirkens von Variationen und Auswahl bzw. von Zufall und Notwendigkeit (Reaktion auf Änderung der Umwelt/Lebensraum).
Der Mensch ist nicht das Ergebnis eines besonderen Aktes der Schöpfung, sondern hat wie jedes andere Tier einen evolutionären Entwicklungsprozess durchgemacht.
Die Entwicklung des Menschen spaltete sich nach dem Affen in weitere Menschenaffen-Arten auf. Dieser Affe heißt Dryopithecus und gehört ebenfalls zur Gattung der Menschenaffen.
L: Das nehme ich jetzt mal ohne Kommentar zur Kenntnis und präsentiere dem Leser MEINE Theorie die Evolution betreffend. Der Leser möge sich dann selbst seine Meinung bilden, wer mehr Sinn macht, Darwin oder ich.
EVOLUTION ist ein Entschleiern der inneren Kräfte, also jener Kräfte, die bisher eingefaltet und involviert in der Wesenheit ruhten. Evolution ist also ein Entfalten, ein Auswickeln aus dem Inneren der Wesenheit. Evolvieren kann nur das, was bisher latent und verborgen bzw. unmanifestiert war. Die Wesenheit, man kann sie auch Gottesfunke nennen (nicht Gott als Schöpfer gesehen) beginnt ihre Evolutionsreise zu Beginn der jeweiligen kosmischen Periode der Manifestation. Dabei zieht die Wesenheit andere Wesenheiten an sich, welche dann die Atome und Moleküle und Zellen des Körpers der Wesenheit bilden.

Die Wesenheit ist ein „Gott" für diese „Sub-Wesenheiten". Ebenso leben WIR auf den Atomen und Molekülen einer weitaus höheren, uns völlig unbegreiflichen Wesenheit. Diese Atome und Moleküle sind die Planeten, Galaxien, Sonnensysteme etc. des Kosmos. Der SINN und Zweck der Evolution ist es nun z.B., auch die Wesenheiten, die unseren Körper etc. bilden, WEITER zu entwickeln, also aus uns heraus zu evolvieren. So wachsen wir mit den Wesenheiten und diese durch uns. Dabei gehen wir durch alle Ebenen des Universums, sichtbar und unsichtbar. Mit uns wiederum evolviert dann das gesamte galaktische Universum, denn ALLES, was wir tun, denken und fühlen etc. hat einen Einfluss auf ALLE Planeten und Galaxien dieses Universums. Evolution bedeutet also, dass wir aus unserem Inneren fortwährend neue Aspekte von uns selbst hervorbringen, sie erkennen und uns ihrer (im Guten wie im Bösen) bewusst werden. Wir evolvieren also, um die Schranken des Bewusstseins zu zerbrechen, denn Bewusstsein hat KEINE Grenzen, und wenn unser Bewusstsein noch Grenzen hat, dann ist unsere Evolution noch nicht abgeschlossen. Was sind nun die Grenzen des evolvierenden Bewusstseins? Es sind die Naturreiche, durch die wir hindurch müssen, um unser Bewusstsein ständig zu erweitern, also das Mineral-, Pflanzen-, Tier- und Menschenreich. Haben wir die Menschenschule geschafft, dann warten andere geistigere feinstofflichere Ebenen auf uns. All diese Bewusstseinsebenen werden in meinen esoterischen Büchern beschrieben, aber vor allem im *BUCH DES LICHTS*. EVOLUTION ist ein solch bedeutender, schwerwiegender, missverstandener und zugleich esoterischer Begriff, dass ich ihn dem Leser im Detail erklären muss, ihm aber zugleich auch nicht böse bin, wenn er das Buch an dieser Stelle erstmal beiseite legt uns ausruft: „Das ist nun wirklich zuviel für mich!" Doch bedenken Sie, die esoterischen Wissenschaften beanspruchen für sich, EINE MILLION MAL so exakt und präzise zu sein wie unsere heutige „moderne" Wissenschaft. Diesem Anspruch muss und werde ich auch gerecht werden, indem ich so präzise wie mir nur möglich den Unterschied zeige zwischen esoterischer und moderner Wissenschaft, wobei ich unbedingt der Meinung bin, dass sich beide ERGÄNZEN sollten und müssen, wenn wir die Aufgaben und Probleme der Zukunft bewältigen wollen. Der Mensch, lieber Leser, ist ein MYSTERIUM, vor allem sich selbst gegenüber, weil eben das SELBST gar nicht erkennbar ist bzw. sich selbst gar nicht erkennen kann, sondern immer nur das, was es essentiell nicht ist, woran es sich klammert und was immer und immer wieder dem Zerfall unterworfen ist. Leser meiner Bücher *SINN DES LEBENS Teil I+II* wissen, was gemeint ist. Und doch kann man das Mysterium Mensch erklären, das Geheimnis lösen. Evolution ist der Drang zur Verbesserung und keineswegs nur im Sinne des Überlebens des Stärkeren. Evolution ist Selbstentfaltung mit all ihren negativen und positiven Aspekten. Evolution geschieht NICHT in zufälligen unkontrollierten Sprüngen, so wie der Fluss ja auch in seinem vorgeschriebenen Bett fließt, so wild dieser Fluss auch sein mag und wenn er auch manchmal über die Ufer tritt. Das Rätsel der Evolution muss im SEHR KLEINEN gesucht und gelöst werden, denn INNEN, tief innen im Zentrum ballen sich die Kräfte und schießen dann nach außen, um sich in Evolution zu entfalten. Die Explosion einer Atombombe ist nicht das Resultat einer äußeren, sondern einer INNEREN, im Atomkern lagernden und lauernden Kraft. Atomspaltung bzw. Kettenreaktion ist RADIKALE EVOLUTION, ein explosives, von innen nach außen Evolvieren der Wesenheit in Manifestation. KEINE HÜLLE hält diesen rapiden Evolutionsvorgang aus. Nun muss man wissen: DER MENSCH ist ein Kind des Universums und er hat in sich latent verborgen jede Kraft, jede Energie, die das große Universum auch hat. Ich gebe ein Beispiel: Der Mensch könnte auch einen Planeten in seiner Bahn aufhalten, seine (des Menschen) HÜLLE würde aber dabei atomisiert werden. Darum sage ich: WENN der Mensch einen Körper hätte, der diese Belastung aushielte, dann könnte der Mensch in der Tat eine solche Energie entwickeln, dass er auch einen Planeten in seiner Bahn aufhalten oder umlenken könnte. Es fehlt dem Menschen nicht an der nötigen Energie oder Kraft, nur an dem VEHIKEL oder Körper, mit dem er diese Kraft ausüben kann, denn alles, was der Mensch sich vorstellen kann, das ist möglich, sonst könnte er es sich nicht vorstellen. Nun ist der Mensch auch das Reservoir aller Tiere und Pflanzen dieses Planeten, und von diesem Standpunkt aus gesehen bekommt EVOLUTION natürlich eine völlig andere und neue Bedeutung. Ohne esoterische Anthroposophie zu studieren, wie in diesem Buch, aber auch in meinen anderen esoterischen Büchern präsentiert, wird es dem Leser kaum möglich sein, wirklich zu verstehen, DASS ALLE TIERE UND PFLANZEN VOM MENSCHEN aus evolvieren.

Lieber Leser, zwischen dem Menschen und dem Tier liegt ein unüberschreitbarer Absprung der Mentalität und des Selbstbewusstseins, welches in Wahrheit ein Nicht-Selbstbewusstsein ist, weil das Selbst (die Wesenheit oder Monade) sich immer dessen bewusst ist, was es essentiell NICHT ist, woran es sich nur, getrieben vom Durst nach Leben, klammert. Keine Darwinsche Evolutionstheorie kann erklären, wie dieser Abgrund je überschritten wurde. Es gibt kein Bindeglied, ES SEI DENN, man meint damit jene HÖHEREN WE-

SEN, welche dem Menschen DAS DENKEN gaben. Wie, wann, wo und warum dies geschah, wird im *BUCH DES LICHTS* erklärt.
Was also beim WIEDERERWACHEN des Universums geschieht, ist folgendes: Das Universum erwacht in drei Schritten:

1. Emanation   2. Evolution   3. Schöpfung

Diese Reihenfolge, wenn richtig verstanden, befriedigt ALLE Menschen, die religiösen sowie die atheistischen Wissenschaftler. Wer diese Reihenfolge des kosmischen Wiedererwachens nicht kennt, der irrt zwischen Schöpfungsfanatismus und Wissenschaftsfanatismus hin und her. Alles ist unerschaffen, zeitlos-ewig und manifestiert periodisch, getrieben von Verlangen, in hierarchischer Ordnung. Der Begriff „Schöpfung" muss so verstanden sein, dass hohe Wesenheiten in der Tat „formen", jedoch dabei prä-kosmische zeitlos-ewig existierende Urmaterie verwenden. Darum ist es jetzt an der Zeit, dem Leser das Wann, Wie, Wo und Warum des Entstehens des Universums mit allem darin zu erklären:

FISCHE
D: Fische (wie auch Säugetiere, Vögel, Reptilien, Amphibien) stammen einer gemeinsamen Stammform ab und haben sehr viel gemeinsam, besonders im embryonalen Zustand.
L: Stimmt, denn sie stammen alle vom MENSCHEN ab.
D: Fische gehören zu der Klasse, die am niedrigsten organisiert ist. Alle Glieder des Wirbeltierreiches stammen von einem fischähnlichen Tiere ab.
L: Falsch. Alle Tiere stammen vom Menschen ab, und der war nie ein fischähnliches Wesen.
Fische existierten VOR dem PHYSICHEN Menschen, bereits vor über 100 Millionen Jahren. Aber es heißt doch, dass alle Tiere VOM MENSCHEN abstammen? Tun sie auch, doch da war der Menschen noch transparent-ätherisch-protoplasmisch. So lehrt *DAS BUCH DES LICHTS.* Fische waren zunächst ungeschlechtlich.

FORMEN
D: Die Form eines Kristalls wird allein durch die Molekularkräfte bestimmt. Form hängt von den umgebenden Organismen ab, mit welchen die Lebewesen in Konkurrenz treten.

L: Falsch. DIE FORM ist im PROTOTYP der Wesenheit bereits vorgegeben und die Wesenheit nähert sich dieser Form Leben für Leben, auch unabhängig von den Bedingungen, wenn es sein muss. DIE GIRAFFE zum Beispiel hat nicht einen so langen Hals, weil sie mit dem darauf sitztenden Kopf besser sehen kann oder will oder sich auf diese Weise angepasst hat. DIE GIRAFFE hat einen solch langen Hals, weil dies dem PROTOTYP dieses Tieres entspricht. Die Wesenheit manifesiert in der entsprechenden Umgebung und Form, weil sie dort den Evolutionszustand „verwenden“ oder anwenden kann.
Alle Formen waren zunächst ätherisch-transparent. Dann erhärteten sich die weichen Gesteine, auf welche die harten Pflanzen, die weich wurden, folgten. BIS HINAUF ZUM MENSCHEN beginnen alle Formen in jedem Naturreich damit, ätherische, durchsichtige Gewebe zu sein. DANN verfestigen sie sich und verzweigen sich in die Arten, mit Ausnahme des Menschen, welcher der erste aller Säugetiere ist in der sogenannten „Vierten Runde“ vor einigen 100 Millionen von Jahren. DAVOR war der Mensch kein Säugetier, sondern ein androgyn-geschlechtsloses Wesen.

FORTPFLANZUNG

D: Die Fortpflanzung ist bei allen Säugetieren gleich, angefangen von der Werbung des Männchens bis zur Geburt und Aufzucht der Jungen. Die Affen sind bei der Geburt fast ebenso hilflos wie unsere Kinder und bei gewissen Gattungen unterscheiden sich die Jungen von den Erwachsenen im Aussehen genauso wie unsere Kinder von ihren Eltern.
L: Das mit der Ähnlichkeit mag stimmen, nur mit dem Unterschied, dass das Affenkind später in der Entwicklung degeneriert zum Elternteil seiner Tierahnen hin, während der Mensch dies nicht tut, weswegen er auch nicht vom Tier und schon gar nicht vom Affen abstammt. Es gab Fortpflanzungsarten unter den Säugetieren, von denen sich Darwin nicht hätte träumen lassen. Man lese und staune: Zunächst muss man wissen, dass der Ursprung des Menschen nicht monogenetisch, sondern polygenetisch war, also aus verschiedenen Qellen, den Astralrassen (die Professoren Wood Jones und Klaatsch sind da meiner Meinung). Die Adam- und Eva-Geschichte ist nur symbolisch gemeint. Die verschiedenen Bestände, welche heute die menschliche Rasse formen, kamen nicht von einem Paar, sondern von verschiedenen zoologischen Zentren und diese von der eben erwähnten Astralrasse, welche wiederum eine „Absonderung“ der himmlischen Hierarchie ist bzw. war. Die erste Rasse war geschlechtslos und reproduzierte sich durch Selbstteilung. Das menschliche We-

sen teilte sich in zwei und jede dieser Teilungen produzierte ein neues Lebewesen, gerade so, wie sich die Zellen unseres Körpers heute immer noch teilen. Die Menschen waren damals riesige, sich teilende Zellen, aber eben doch schon MENSCHEN. Diese sich selbst teilende Rasse lebte viele Millionen von Jahren.

Lieber Leser, bitte bedenken sie folgendes: Wenn ich schreibe, dass die erste Rasse sich entwickelt und dann die zweite und dritte Rasse etc., dann meine ich damit nicht, dass eine Rasse aufhört, wenn die andere beginnt. Die Rassen überschneiden oder überlappen sich. Wenn eine neue Rasse erscheint, dann verbleiben also sehr wohl noch Bestände der vorhergehenden Rasse für eine Weile.

Die erste Rasse nun wurde also immer „dichter", war aber immer noch ätherisch. Sie hatte keine menschliche Form, wie wir sie heute kennen. Der Mensch von damals war ein riesiger ovaler Körper aus Licht. Er hatte weder Organe noch Knochen. Dann wurde er „dichter". Stellen Sie sich die Gelatine-Struktur einer Qualle oder einer Medusa vor. So in etwa war die Substanz der menschlichen Körper vor vielen hundert Millionen von Jahren auf Erden, nur leuchtender und etwas transparenter. Nach Millionen von Jahren erschien die zweite menschliche Wurzelrasse, das heißt, die erste entwickelte sich in die zweite bzw. die Teilungen der ersten wurden zur zweiten.

Die zweite menschliche Rasse war ebenfalls geschlechtslos und pflanzte sich fort durch eine Methode, welche heute noch von den niederen Arten angewandt wird, nämlich durch Knospung oder Germination. Die Arten (z.B. der Tintenfische) heute pflanzen sich so fort, weil die Menschen es damals auch so taten und weil in den menschlichen Absonderungen, welche zu den z.B. Tintenfischen von heute wurden, eben diese genetische Information enthalten war und ist.

Die Knospe oder der Keim verließ den menschlichen Körper und entwickelte sich selbständig. Dies geschah in einer Weise, wie heute eine Spore eine Pflanze verlässt oder eine Eichel die Eiche, und dann wächst, sich entwickelt und wie das Elternteil wird. Lieber Leser, ich wiederhole: Alle Fortpflanzungsarten der Fauna und Flora waren einst jene des frühen Menschen, der diese genetische Information weitergab in seinen Absonderungen, die sich eben zur Fauna und Flora von heute entwickelten und sich darum auf eben diese Weise fortpflanzen. So macht es Sinn und so stimmt es auch. Der Archäologe Udo Kruse-Schulz schreibt darum auch ganz richtig in *„Auf den Spuren des Men-*

schen", S. 59: „Wir tragen in unserem genetischen Rucksack mehr Urzeitgepäck mit, als wir glauben." So ist es.
Wie sonderte sich nun die Knospe oder Substanz vom Menschen der zweiten Wurzelrasse vor über hundert Millionen Jahren ab? Eine Schwellung erschien auf der Oberfläche des gelatinen Körpers (Blavatsky nennt diese frühe Menschenrasse „Puddingbeutel"). Diese Schwellung wuchs und wuchs, bis sie sich vom Körper trennte bzw. von ihm abfiel. Eine kleine zarte Verbindungsschnur verblieb, welche dann schließlich auch brach. Von da an wuchs das Lebewesen zu einer gleichen Struktur wie das Elternteil oder „Mutterteil", wenn man eine androgyne, geschlechtslose protoplasmische Eiweiß-Struktur in diesem Zusammenhang „Mutter" nennen kann. In etwa so wie die Polypen ihre Nachkommenschaft aus sich selbst hervorbringen, wie die Knospen und Verzweigungen eines Baumes, so hat sich der Mensch der zweiten und frühen dritten Rasse reproduziert. Die Madegassen, deren Insel einst zu Lemurien gehörte, haben eine schöne altüberlieferte Sage: „Der erste Mensch lebte ohne zu essen, und nachdem er zum ersten Male gespeist hatte, erschien eine Anschwellung auf seinem Bein, welche zerplatzte und ein Weib hervorbrachte, die Mutter der Rasse danach." Alte Sagen, Mythen und Legenden sind oft verhüllte, symbolische Überlieferungen hochwissenschaftlicher Fakten, den Ursprung des Menschen und dieses Planeten betreffend.
Die dritte Rasse wird dann vollends zur androgynen oder hermaphroditischen Rasse. Plato beschreibt bereits eine solche Rasse in seinem „Gastmahl". Ich zitiere: „Sie waren androgyn, indem sie den Rücken und die Seiten wie in einem Kreise hatten... ihre Art zu laufen war kreisartig. Daher teilte Zeus sie in zwei Teile, um sie schwächer zu machen, etc, etc." Ende Zitat.
Die entwickelte frühe dritte menschliche Rasse war übrigens in der Lage, sich durch REINEN WILLEN, aber auch durch BERÜHRUNG etc. zu reproduzieren. Mehr darüber im *BUCH DES LICHTS.*
Nun war die zweite Rasse etwas dichter, etwas materieller als die erste es war. Sie wurde auch etwas menschlicher in Form, aber immer noch ovoid.
Ein Beobachter vor über hundert Millionen von Jahren hätte einen 30 Meter hohen, gelatinen ovoiden Körper mit angedeuteten menschlichen Konturen gesehen und im Inneren dieses immer noch etwas transparenten Licht-Körpers die Nuclei oder Zentren, welche Kondensationen oder Verdichtungen der generellen Zell-Substanz waren, dazu bestimmt, die verschiedenen Organe des Körpers zu werden. Organe sind Verteiler einer lebensfeindlichen Natur, welche GEGEN die Lebewesen drückt, sie zerstören will.

Ja, die Natur will nicht das Leben, die Natur will den Tod. DIE WESENHEIT will leben, doch die Natur tut alles, um die Lebewesen wieder dahin zurück zu schleudern, wo sie herkommen, ihnen ihre „Kleider“, also Körper, immer und immer wieder zu entreißen. Die Organe sind nun dazu da, um dieser GEGEN uns wirkenden Naturkraft Stand zu halten und diese Energie in Bahnen zu lenken, welche eben die Organe sind. Vor 20 und mehr Millionen von Jahren war dieser Gegendruck ein subtilerer und erforderte nicht diese Ventilfunktion und Struktur der Organe, wie sie es heute ist. Am Schluss siegt die Natur natürlich immer, denn was entsteht, muss auch vergehen. Die Karten werden immer wieder neu gemischt. Diese Erfahrung müssen selbst die hohen Wesenheiten, unsere göttlichen Ahnen, die uns einst emanierten bzw. mit Astralkörpern versahen, machen. Auch sie unterliegen der Vergänglichkeit, egal, wie lange sie in diesen himmlischen geistigen Höhen weilen. Und was tun die Lebewesen, ALLE Lebewesen? Verstehen sie endlich, dass das Leben ein „nicht sein sollendes“ ist, wie Schopenhauer so schön schreibt? Mitnichten. Sie stürzen sich immer und immer wieder in das Leben, nur um zu erkennen, dass sie immer und immer wieder daraus vertrieben werden. Ehre sei dem Buddha. Der hat es verstanden, der hat’s geschafft. Er hat überwunden, JEDEN Durst überwunden, sei es nach Himmel, Erde oder Hölle, er ruht sicher in NIRVANA, dem Urgrund und Zentralpunkt allen Seins. OM.

Doch zurück zu den menschlichen Rassen. Vor etwa 20 Millionen von Jahren kam die dritte menschliche Wurzelrasse voll in Existenz. Bei ihr hatte sich die Körpersubstanz bereits zu, wenn auch noch sehr zartem, Fleisch verdichtet, zarter noch als das Fleisch der menschlichen Babys von heute. Auch das menschliche Baby wiederholt sichtbar durch seine Zartheit des Fleisches diese anfängliche menschliche Entwicklungsstufe. Die erste und zweite Rasse war fleisch- und knochenlos und hatte darum auch kein Skelett (weshalb man heute auch keine Skelette dieser Rassen findet) und auch keine Organe, es sei denn, rudimentäre Fossilien, welche Spuren von astralen Formen sind.
Die filamentoide Struktur der dritten menschlichen Wurzelrasse verdichtete sich mehr und mehr, und durch die anfangs erwähnten Zellnuklei entwickelten sich nun sichtbar das muskuläre System, das Nervensystem und das System der Blutgefäße, denn die Erdanziehungskraft hatte zugenommen und verlangte nach einer solchen Anpassung bzw. Entwicklung.
Die dritte Rasse pflanzte sich immer noch durch Kondensation von Körpersubstanz fort, doch je mehr Zeit verging, umso dichter wurden diese schweiß-

artigen Absonderungen und der ganze Prozess verlagerte sich von der Körperoberfläche nach innen in die sich dafür entwickelnden Organe. Von da an reproduzierte sich die dritte menschliche Rasse durch Legen von Eiern, so seltsam dies klingen mag. Hühner und andere Lebewesen wie Fische etc. legen ja auch Eier, ja der Mensch selbst entwickelt sich aus einem befruchteten Ei, und ich kann nur wiederholen, dass Lebewesen Eier legen oder die Fähigkeit zum Eierlegen besitzen, weil DER MENSCH sie zuerst besaß. Diese Eier aber emanierten damals von allen Seiten des menschlichen Körpers und wuchsen nach jahrelanger Inkubationszeit während dessen zu fast voller Größe des Lebewesens. Dann „brach" der Mensch durch das Ei und war sogleich in der Lage, AUFRECHT zu gehen und sich zu bewegen, eben so, wie es heute bei den Hühnern sofort der Fall bzw. möglich ist.

Doch auch diese Methode endete, und zwar noch während der Epoche der dritten Wurzelrasse und lokalisierte sich in einem funktionellen Teil des Organismus, welcher die Wurzel oder der Wurzelorganismus wurde für die späteren Fortpflanzungsorgane.

Gegen Ende der dritten Wurzelrasse, Mitte Mesozän/Beginn Jura-Zeitalter, erhielt der Mensch zum ersten Mal DAS DENKEN von den Manasaputras, gottgleichen Mentalwesenheiten. Dieser Denkimpuls befähigte ihn, sich zu dem Menschen von heute zu entwickeln. Evolution allein hätte dies NIEMALS zustande gebracht. Auch die Tiere (Affen eingeschlossen) werden eines Tages so zum Denken erweckt werden, doch noch ist ihre Zeit nicht gekommen.

Übrigens: Es ist wohl beim jetzigen Wissensstand des Lesers unnötig zu erwähnen, dass von der ersten menschlichen astralen Wurzelrasse und durch die ersten drei sich dann - zu Protoplasma entwickelnden - menschlichen Rassen hindurch, der Mensch Substanz abstieß, welche sich zu der Flora und Fauna von heute entwickelte. In welcher Reihenfolge dies geschah, ist hier im Buch beschrieben.

Der frühe Mensch vor über hundert Millionen Jahren war also androgyn und latent geschlechtslos oder auch latent ZWITTERGESCHLECHTLICH. Dies wird praktisch auch in allen Epochen des Altertums gelehrt. Ein Beweis für die frühere potentiell im Menschen enthaltene Zweigeschlechtlichkeit (Adam-Eva oder Mann-Frau) kann man auch aus den Rudimenten der Organe ersehen, die sogar der heutige Mensch besitzt. Ich meine jetzt jene Rudimente von Organen in einem Geschlecht, welche mehr oder weniger voll entwickelt sind im anderen Geschlecht (Brüste beim Mann, voll entwickelt bei der Frau etc. etc.). Darwin selbst schreibt ja in *„Die Abstammung des Menschen"*: „Irgendein ent-

fernter Urahne des gesamten Wirbeltierreiches muss einmal hermaphroditisch gewesen sein.“
Möchten Sie Fossilien solcher Menschen finden? Hier ist ein kleiner Tipp für alle Archälogen und Paläontologen: Graben Sie TIEF in den alten Flussbetten von Süd-Arizona. Da werden sie fündig. Darauf ein Archäologe, der anonym bleiben möchte, zu mir: „Niemals werden wir dort graben. Wenn wir dann Knochen von Menschen finden, werden wir sie zerstören. Wir werden doch nicht unseren guten wissenschaftlichen Ruf auf's Spiel setzen, indem wir Knochen vom Menschen im Pleistozän finden, denn wir lehren, dass es da nur TIERE (inklusive der Affen gab). Würden wir da menschliche Funde präsentieren, dann müssten alle Schulbücher, den Ursprung des Menschen betreffend, neu geschrieben werden.“ Richtig, und das wird auch bald geschehen.

Die Reinsten der dritten menschlichen Rasse waren Riesen von göttlicher Stärke und Schönheit, Verwahrer aller Geheimnisse von Himmel und Erde waren sie. Die dritte hermaphroditische Rasse brachte auch die zu dem Zeitpunkt noch hermaphroditischen-protoplasmischen Säugetiere hervor, welche dann in der Tat eine quasi-darwinistische Entwicklung durchschritten und sich vor etwa 50 Millionen von Jahren in die Geschlechter trennten und dann sich sexuell vermehrten.
In der vierten Rasse vor etwa 18 Millionen Jahren trennt sich jede androgyne menschliche Einheit und wird zweigeschlechtlich. Von hier an reproduziert der Mensch geschlechtlich. Was ich im *BUCH DES LICHTS* im Detail erkläre, kann hier natürlich nur angedeutet werden. Doch der Leser wird sich fragen, wie denn nun dieser Übergang vom Hermaphroditismus zu geschlechtlicher Zeugung vonstatten gegangen sein soll und ob es dafür noch heute in der Natur ein Beispiel gibt. Das gibt es. Die hermaphroditischen Polypen z.B. bringen ihre Nachkommenschaft - die sich dann geschlechtlich fortpflanzt - aus sich selbst heraus. Ich meine damit den Polyp Stauridium. Der geht abwechselnd von der Knospung zur geschlechtlichen Fortpflanzungsart über. Das macht er, indem er zunächst nur wie ein Polyp auf einem Stock wächst. Dann bringt er Knospen hervor. Diese Knospen entwickeln sich zu einer Meernessel oder Meduse, welche wiederum ihrem Mutterorganismus gänzlich unähnlich ist und sich auch ganz anders, nämlich auf geschlechtliche Art, vermehrt. Aus den daraus entstehenden Eiern kommen dann neuerdings Stauridien hervor. Woher hat diese Polypenart die Fähigkeit erhalten oder geerbt, sich zunächst hermaphroditisch, dann geschlechtlich fortzupflanzen? Vom ursprünglichen herma-

phroditischen Menschen natürlich. Die sexuellen Lemurier waren hermaphroditischer Abstammung und der Urahne der Polypen wurde bereits astral und später protoplasmisch vom zunächst astralen, dann protoplasmischen Menschen abgestoßen.

FORTPFLANZUNGSSYSTEM

D: Das Fortpflanzungssystem zeigt verschiedene rudimentäre Strukturen; sie weichen jedoch in einer bedeutungsvollen Hinsicht von den vorhergehenden Fällen ab. Wir haben es hier nicht zu tun mit dem Überrest eines Teiles, welcher der Art überhaupt in einem funktionsmäßigen Zustand fehlt, sondern mit einem Teil, der in einem Geschlecht funktioniert, im anderen als bloßes Rudiment vorhanden ist. Bei dem Glauben an eine separate Schöpfung jeder Art ist das Vorkommen solcher Rudimente ebenso unerklärbar wie in den vorhergehenden Fällen. Teile, die von einem Geschlecht erworben werden, sind teilweise auch auf das andere übertragen worden.
L: Richtig. DER MENSCH ist die Quelle aller Tiere. Der menschliche Körper in seinem Urzustand als androgynes Wesen enthält alle Strukturen und Möglichkeiten für alle anderen vom Menschen (als er noch protoplasmisch war) abgesonderten Tierarten.

FORTSCHRITT

D (moralischen Fortschritt betreffend): Moralischer Fortschritt ist kein unabänderliches Gesetz. Dass diejenigen Individuen, welche Tugenden besaßen, im Kampf ums Dasein besser durchgekommen sind, scheint höchstens von untergeordneter oder gar keiner Bedeutung gewesen zu sein.
L: Das mag sein, wenn man nur ein Leben in Betracht zieht. Die Lehre der Reinkarnation jedoch macht offenbar, dass jede Handlung (gut oder böse) ihre karmischen Folgen hat. DIES erklärt das Leid und die Freude auf Erden. Darum hat Darwin RECHT, wenn er schreibt: Es ist eine richtige und tröstliche Annahme, dass der Fortschritt bei weitem den Rückschritt überwiegt, dass der Mensch, wenn auch langsam und in Unterbrechungen, sich aus dem niedrigsten Zustand zur heutigen Höhe seines Wissens, seiner Sittlichkeit und Religion erhoben habe. („Gottes“ bzw. KARMAS Mühlen mahlen eben langsam, dafür aber auch triftig fein. Lanoo)

FOSSILE RESTE (der menschlichen Vorfahren)
D: Was das Fehlen fossiler Reste betrifft, welche den Menschen mit seinen affenähnlichen Vorfahren verbinden könnten, so wird niemand auf diese Tatsache viel Gewicht legen, der Leyells Erörterungen gelesen hat, worin er zeigt, dass in sämtlichen Wirbeltierklassen die Entdeckung fossiler Reste äußerst langsam vor sich geht und vom Zufall abhängt. Auch darf man nicht vergessen, dass diejenigen Gegenden, welche am wahrscheinlichsten solche Reste darbieten, die den Menschen mit irgendeinem ausgestorbenen affenähnlichen Geschöpfe verbinden, bis jetzt von Geologen noch nicht untersucht sind.
L: Man findet keine fossilen Reste eines „fehlenden Bindegliedes zwischen Affen und Menschen“, und man wird sie auch nie finden, weil es ein solches Bindeglied nicht gibt. Der Affe stammt vom Menschen ab. Das Bindeglied zwischen Mensch und Affen jedoch sind die Tiere bzw. Tiermenschen von damals, mit denen sich unterentwickelte Menschen sexuell vereint hatten.

GANOIDFISCHE
D: Frösche und Kröten sind mit den Ganoidfischen verwandt.
L: Richtig, und die mit den Menschen, denn ALLE Tiere entstammen dem Menschen.

GEBURTSSTÄTTE DES MENSCHEN
D: AFRIKA ist die Geburtsstätte des Menschen.
L: Falsch. DER NORDPOL ist die Geburtsstätte des (zunächst astralen) Menschen auf Erden. Von dort aus in sieben Zonen verbreitete sich vor vielen hundert Millionen Jahren die menschliche Rasse über den Planeten.

GEHIRN UND DENKEN (bei Mensch und Affe)
D: Jede Hauptfurche und -windung im Gehirn des Menschen hat ihr Analogon im Gehirn des Orang Utan. Es besteht kein Zweifel an der Ähnlichkeit des menschlichen Gehirns mit dem Affengehirn in fundamentalen Merkmalen. Die Großhirnhemisphären des Menschen sind (allerdings) relativ größer als die des Orang und des Schimpansen, die Stirnlappen sind durch das bedeutendere Vorstehen des Augenhöhlendaches weniger ausgehöhlt, seine Windungen und Furchen sind im Allgemeinen weniger symmetrisch angeordnet und weisen eine größere Anzahl sekundärer Faltungen auf. Ebenso muss zugegeben werden, dass beim Menschen meist die sogenannte „äußere senkrechte“ Spalte, die ein so scharf ausgeprägtes Merkmal des Affengehirns ist, nur schwach ange-

deutet ist. Niemand, denke ich, zweifelt daran, dass im Verhältnis zu seinem Körper die bedeutende Größe des Gehirns des Menschen verglichen mit den Verhältnissen beim Gorilla oder Orang in enger Beziehung zu seinen höheren geistigen Kräften steht. Auf der anderen Seite denkt niemand daran, dass der Intellekt zweier Tiere oder zweier Menschen genau gemessen werden kann durch den Kubikinhalt ihrer Schädel.

L: Letzterem stimme ich zu. Dem zuvor geschriebenen auch. Doch das Gehirn ist weitaus mehr, als sich ein Darwin träumen lassen könnte. Das Gehirn ist eine Chakra, ein Energiezentrum, das ebenfalls auf der astralen Ebene funktioniert. Das Gehirn als Ganzes ist das Organ des rationalen Denkens, aber auch der hohen und niederen Gedanken. Zwei Drüsen oder Chakren beeinflussen das Gehirn immens, das ist zum einen die Zirbeldrüse und zum anderen die Hirnanhangdrüse. Für jetzt nur soviel: Die Zirbeldrüse führt zum Licht und die Hirnanhangdrüse empfängt, wenn in voller Aktivität, einen mahatmischen Strahl... direkt von der kosmischen Intelligenz ausgehend. Es ist dies das Organ der Inspiration, der Intuition und der Vision. Per se ist das Gehirn aber ein Stück beschränkter Materie. Dies ist auch der Grund, warum wir - siehe Goethe - glauben, dass wir eigentlich beschränkt sind und dass es „Dinge zwischen Himmel und Erde gibt, die sich unser Schulwissen nicht träumen lässt." Doch das scheint nur so, weil das Gehirn eben nicht das Denken ist, sondern nur DER BEHÄLTER des Denkens. Ein Topf, der Löcher hat, kann nicht die Flüssigkeit korrekt enthalten. Doch genug davon. Zeit, etwas „wissenschaftlicher" zu werden. Der höchststehende Affe, der Gorilla, hat nur ein Gehirn von 30-51 Kubikzoll. Das Gehirn des niedrigststehenden australischen Ureinwohners misst 99,35 Kubikzoll. „Somit ist das erstere nicht halb so groß wie das eines Kindes" sagt Pfaff. Wo ist da das fehlende Bindeglied? Wenn nach Vogt das durchschnittliche Gehirn des Australiers 99,5 Kubikzoll misst, jenes des Gorilla 30,51 und jenes des Schimpansen nur 25,45 Kubikzoll, da ergibt dies eine riesige unüberbrückbare Kluft vor allem für die Verteidiger der natürlichen Zuchtwahl.

Wer soll irgendwann einmal diese Kluft überbrückt haben?

Ich sage, dass das Gehirn das Aufzeichnungsorgan des Gedächtnisses ist, aber nicht das Gedächtnis selbst. Interessanterweise wachsen die Augen beim menschlichen Embryo von innen nach außen aus dem Gehirn heraus, während sie beim Insekt und beim Tintenfisch nur einen Teil der Haut bilden. Früher war der Mensch in seiner frühesten Entwicklung ein nahezu durchsichtiges astral-androgynes Wesen, darum die direkte Verbindung mit dem Gehirn. Eine utopische These? Professor Lankester bestätig diese These. Wohl wissend, dass das menschliche Auge direkt mit dem Gehirn verbunden ist, erklärt der Professor dies mit der Feststellung, dass „unser“ mit Rückenwirbeln versehene Ahne ein DURCHSICHTIGES GESCHÖPF war und es ihm daher nicht wichtig war, wo das Auge lag. Genau so ist es, lieber Professor, nur mit dem kleinen Unterschied, dass die Rückenwirbel unserer Astralahnen zart und durchsichtig waren wie der gesamte Körper. „Von innen nach außen“ sind hochesoterische Worte, wenn angewendet auf die Entwicklung der frühen Menschen aus astralen Vorbildern. Das dritte Auge oder die heutige Zirbeldrüse zog sich nach einwärts zurück, je mehr der Mensch „fiel“ (in die Materie bzw. in die physisch-dichte Entwicklung). Dies ist auch ein Teil der Erklärung des „Falls“ des Menschen. Haeckel behauptet ja, dass das Wirbeltierauge in der Veränderung der Epidermis seinen Ursprung hatte. Beides zusammen passt nicht. Das Gehirn ist auch nicht das Bewusstsein, es enthält es nur. Das Gehirn ist auch nicht die Erinnerung, es enthält sie nur. Das wird klar, wenn wir nach einem Begriff suchen, den wir WISSEN, ihn nur vergessen haben. Dieser Begriff ist im astralmentalen Gehirn enthalten, und er entfällt uns nur, wenn das astrale Konterpart sich dem physischen Gehirn nicht mehr mitteilen kann. So gesehen ist der gesamte physische Körper des Menschen nichts anderes als eine materielle Projektion bzw. Prolongation des astral-mental-geistigen Körpers, welcher wiederum ein Konterpart des physischen ist. Ebenso ist das Gehirn die physische Basis für das Gemüt. Die graue Substanz des Gehirns ist nur ein geringer, aber auf dieser physischen Welt wichtiger Teil des Gehirnes. Wer Gehirnvolumen des Schädels mit Intelligenz gleichsetzt, der versetzt Darwin einen schweren Stoß, denn die meisten der menschlichen Steinzeitschädel stehen im Volumen noch ÜBER statt unter dem Schädelvolumen des heutigen Menschen. Darum lesen wir auch im „*Age and Origin of Man*“: „Die Größe des Gehirns der ältesten uns bekannten Völkerschaften ist keine solche, das sie dieselben auf eine niedrigere Stufe stellen würde als auf die der jetzt lebenden Bewohner der Erde.“ Ende Zitat.

Damit verschwindet das „fehlende Glied“ von Darwin in leere Luft. Und was die menschliche Sprache anbelangt, dann ist dazu eben ein menschliches Gehirn nötig. Darum wird kein Affe die menschliche Sprache beherrschen können (obwohl der Affe vor Millionen von Jahren sie imitierte), schon deshalb, weil er jetzt durch das viel kleinere Gehirnvolumen vom Menschen klar getrennt ist. Das Affenhirn von heute ist, wie bereits erwähnt, nicht mal halb so groß wie das Gehirn eines neugeborenen Kindes.

GEHÖR

Darwin schreibt nichts über das Gehör, aber ich werde es tun.
L: Die körperlichen Sinne teilen sich in fünf ein, und diese Einteilung kommt zu uns aus grauer Vorzeit. Der Hörsinn bzw. das Gehör und damit dann auch die entsprechenden Organe entwickelten sich im physichen Menschen vor etwa 5 Millionen Jahren (Beginn der 5.Rasse). Davor korrespondierten die Menschen mental miteinander. Mehr dazu im *BUCH DES LICHTS.*
Das Ohr ist heute im Menschen weitaus weniger entwickelt als in den meisten Tieren. Der Grund dafür ist klar: Der Mensch entwickelt sich mehr und mehr auf GEISTIGER Ebene, die zahlreichen Rückfälle mal ausgenommen, darum werden in ferner Zukunft ganz andere uns jetzt nur im Ansatz bekannte Sinne und deren Organe entwickelt. Dies wäre die Antwort auf Darwins Verwunderung, wenn er fragt, warum die Tiere eine solch hohe Ohrbeweglichkeit haben und der Mensch nicht, wo sie ihm doch nützlich wäre. Der Mensch braucht solche Mechanismen nicht mehr. Er gleicht sie aus durch das Denken, welches ihn den Tieren überlegen macht. Die Ebene, zu denen wir Menschen uns hochentwickeln, bedürfen keiner „verstellbaren Ohren“.

GIBBON

D: Die Entwicklung geht eindeutig vom Affen zum Menschen hin.
L: Dann frage ich: Wie kommt es, dass der sehr menschenähnliche Gibbon noch auf derselben niedrigen Entwicklungsstufe wie damals steht, als er mit dem Menschen am Schlusse der Eiszeit koexistierte? Seit der Pliozänzeit hat sich der Gibbon nicht merklich verändert. Wenn Darwin Recht hat, wie will er dann die Entwicklung des Affen zum Menschen während der ersten Hälfte des Miozäns erklären? Für eine solche theoretische Umwandlung ist die Zeit viel zu kurz. Eine Variation der Arten tritt sehr langsam ein und macht eine solche Entwicklung unbegreiflich – ganz besonders nach der Hypothese der „natürlichen Zuchtwahl“. Ist es das, was Darwin meint, wenn er von der „Unvollkommenheit geologischer Aufzeichnungen“ spricht? Ich sage: Der physische Mensch existierte schon, noch bevor die erste Schicht der Kreidefelsen abgelagert wurde. Des Weiteren behaupte ich: In den frühen Teilen der Tertiärzeit blühte die glänzendste Zivilisation, welche die Welt je gekannt hat, und dies zu einer Zeit, von der Häckel behauptet, dass dann die Menschenaffen durch Urwälder streiften.
DAS BUCH DES LICHTS lehrt darum: Wegen des Typus seiner Entwicklung kann der Mensch weder von einem Affen abstammen, noch genaugenommen

von einem physischen Ahnen, welcher sowohl Affen wie Menschen gemeinsam ist, sonder der URSPRUNG des Menschen entstammt eben einem HÖHEREN Typus, nämlich dem HIMMLISCHEN MENSCHEN bzw. einer hohen Astralrasse, deren Absonderungen sich zu den erst geschlechtslosen und dann in Geschlechter getrennten Menschen von heute „verdichteten“. Weiter auf dieses Thema einzugehen würde den Rahmen dieses Buches sprengen.

GORILLA

D: Eckzähne beim Gorilla und beim Menschen lassen darauf schließen, dass der Mensch vom Gorilla abstammt.

L: Umgekehrt wird ein Schuh draus. Der Orang-Utan, der Gorilla, der Schimpanse und der Pavian sind die spätesten und rein physischen Entwicklungen aus niederen anthropoiden Säugetieren. In ihnen ist ein Tropfen Menschenblut, doch der Mensch hat KEINEN Tropfen pithekoiden Blutes in sich...

D. Der Gorilla läuft mit einem seitlich wackelndem Gang, schreitet aber gewöhnlich so fort, dass er sich auf seine umgebogenen Hände stützt. Sie bewegen sich ungeschickt und viel weniger sicher als der Mensch. In dem Maße, wie die Vorfahren der Menschen sich mehr und mehr aufrichteten, ihre Hände und Arme mehr und mehr zum Greifen und anderen Zwecken benutzten und ihre Beine und Füße gleichzeitig modifiziert wurden, werden auch andere Veränderungen notwendig geworden sein.

L: Mag sein, aber der aufrechte Gang entwickelte sich NIEMALS aus dem gebückten. Der Mensch war IMMER aufrecht gehend.

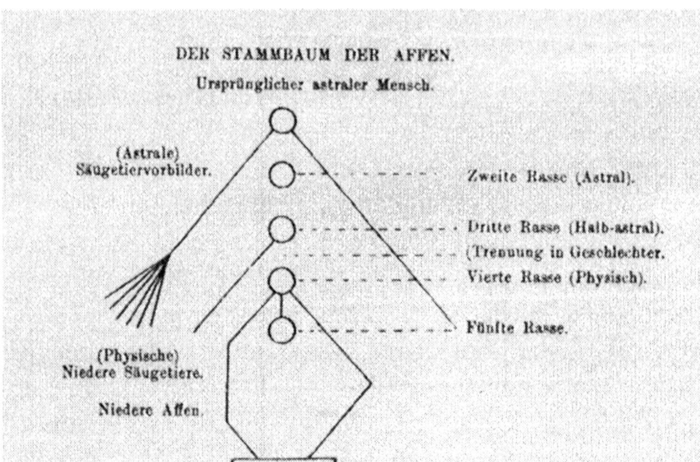

Blavatsky (SD S.727) schreibt: „Die Darwinsche Anthropologie ist der Alp des Ethnologen, ein derbes Kind des modernen Materialismus, das aufwuchs und zunehmend Kraft erlangte, so wie die Albernheit der theologischen Legende von der „Schöpfung" des Menschen mehr und mehr offenbar wurde." Ende Zitat.
Wie wahr. Und wer den Affen im Eozän erscheinen lassen will, der irrt. Das erste Erscheinen eines anthropoiden Affen geschieht im Miozän. Da gab es den Menschen SCHON LANGE.
Außerdem: Der Affe ahmt den Menschen nach, das Kind die Eltern und nicht umgekehrt.

GRÖSSE (des Menschen)
D: Was die körperliche Größe oder Kraft betrifft, so wissen wir nicht, ob der Mensch von einer kleineren Art abstammt, gleich dem Schimpansen, oder von einer mächtigen wie dem Gorilla. Wir können daher auch nicht sagen, ob der Mensch größer und stärker oder kleiner und schwächer als seine Vorfahren geworden ist.
L. Falsch. Das können wir schon sagen. Der Mensch war immer Mensch. Der ursprüngliche Mensch vor Millionen von Jahren war ein TITAN, mehr als dreimal so groß wie der heutige Mensch, und ebenso wie die Dinosaurier an Größe abgenommen haben und zu den Riesenechsen etc. von heute schrumpften, ebenso schrumpfte auch der Mensch von der titanischen Größe von damals zu der durchschnittlichen Größe von 1,75 m von heute. (s. Illustration S. 60)

HAARE und HAARBEKLEIDUNG
D: Dürfen wir schließen, dass der Mensch von Haaren entblößt wurde, weil er ursprünglich irgendein tropisches Land bewohnt hat? Die Tatsache, dass die Haare beim männlichen Geschlecht hauptsächlich an der Brust und im Gesicht und bei beiden Geschlechtern an der Verbindung aller vier Gliedmaßen mit dem Rumpfe erhalten sind, begünstigt jene Folgerung - unter der Voraussetzung, dass das Haar verloren wurde, ehe der Mensch die aufrechte Stellung erlangt hatte.
L: Falsch. Der Mensch ging immer aufrecht. Das Haar ist Schutz UND ein Temperaturregler. Glatzen neigen eher zu schmerzhaften Sonnenstichen oder Kälteeinwirkungen. Haare sind die manifestierte Verlängerung und Materialisation des Astralkörpers. Haarausfall ist immer durch VERSCHLEIMUNG des

Körpers bedingt. Aber das führt hier zu weit. Nur wer *DAS BUCH DES LICHTS* und/oder *DER SINN DES LEBENS Teil I+II* liest, wird verstehen.

HALBAFFEN
L: Die Halbaffen unterscheiden sich von den echten Affen durch ihre spitzen, hundeartigen Schnauzen und ihrem charakteristischen feuchten Nasenspiegel. Lemuren sind ebenfalls Halbaffen, die aussehen wie eine Mischung aus Eichhörnchen und Katze.

HALSARTERIEN
D: Auf einer gewissen Entwicklungsstufe des menschlichen Embryos ....verlaufen die Halsarterien in bogenförmigen Ästen, als ob das Blut zu KIEMEN geführt werden sollte, die doch bei höheren Wirbeltieren und beim Menschen nicht vorhanden sind.... Dass sie früher vorhanden waren, zeigen die Kiemenfurchen an der Seite des Halses. Außerdem: In einem frühen Entwicklungsstadium kann man das Embryo eines Menschen kaum von dem eines Hundes unterscheiden.
L: Richtig. Doch dies ist so, weil der MENSCH in früheren Entwicklungsstufen als WESENHEIT bereits durch diese Entwicklung gegangen ist und alle Formen IN SICH trägt.
Also: Der Mensch war bereits einmal vor Äonen Mineral, Pflanze, Tier und ist jetzt Mensch. Siehe auch EMBRYONALE ENTWICKLUNG.

HÄNDE
D: Hände sind bei veredelten und zivilisierten Menschen im allgemeinen kleiner als bei solchen, die harte Arbeit verrichten oder bei Wilden und Affen.
L: Richtig. Aber das hat mit dem Reinkarnationsprozess zu tun. Eine Wesenheit, die im vergangenen Leben mehr PHYSISCH orientiert war, wird nach dem Tode wieder einen Elternkeim übernehmen, der eben mehr PHYSISCH orientiert ist. Was die Affen anbelangt, so ist auch dies durch den Reinkarnationsvorgang der im Affenkörper manifestierenden bzw. reinkarnierenden Wesenheit zu erklären, die eben kein Tier mehr ist und noch kein Mensch.

HAUTFARBE
D: Verschiedenheiten der Hautfarbe kann man nicht dadurch erklären, dass die Menschen lange Zeit verschiedenen Klimaten ausgesetzt gewesen seien.

L: Richtig. Schwarze, rote, gelbe und „weiße" Menschen waren von Anfang an da und entwickelten sich dann entsprechend. Nur wer *DAS BUCH DES LICHTS* oder *DER SINN DES LEBENS TEIL I + II* liest, wird verstehen.

KARMA

L: Es ist nun an der Zeit, den Begriff von KARMA einzuführen und zu definieren, denn Wissenschaftler wie Darwin, Haeckel und Huxley mussten zugeben, nicht zu wissen, wie die Transmission oder Übertragung oder Weitergabe der physischen und psychischen Tendenzen der Lebewesen stattfindet. So einigte man sich darauf, es „Vererbung" zu nennen.
Ohne die Lehre von Karma und Reinkarnation jedoch ist Vererbung weder zu erklären noch zu verstehen.
Alsdann: Karma ist eine Schwesterlehre der Wiedergeburt. Eine kann ohne die andere nicht bestehen und macht auch keinen Sinn. Karma ist das Gesetz der Konsequenz oder der Konsequenzen, auch manchmal das Gesetz von Ursache und Wirkung genannt. Aber genauer betrachtet ist Karma eben die Arbeitsweise der Effekte oder Konsequenzen, denn KARMAN ist ein Sanskrit-Wort, welches AKTION oder HANDLUNG bedeutet – also eine Ursache plus Wirkung. Die originäre Ursache ist das BEWUSSTSEIN des Individuums, welches auf die Natur wirkt. Die Natur reagiert wiederum auf diese Aktion oder Handlung, dies verursacht eine Reaktion entweder sofort oder zu einem späteren Zeitpunkt oder auch erst in einer zukünftigen Inkarnation auf den ursprünglichen Verursacher, der dann natürlich nicht mehr den selben Körper hat, sondern einen neuen. Dann sagt der Mensch: „Oh mein Gott, was habe ich getan, dass ich so leiden muss? Ich bin mir keiner Schuld bewusst!" Wenn es ihm gut geht, nimmt er es als Glück hin oder als den Willen oder als Geschenk Gottes. Ein solcher Gott wäre dann allerdings ein größerer Perverser als der Teufel selbst, den er angeblich erschuf. In Wirklichkeit ist es Karma, und Karma bedeutet auch Charakter. Es ist das, was der Mensch selbst aus sich gemacht hat, und zwar nicht nur in einem Leben, sondern in VIELEN Leben, welche die unsichtbare Wesenheit bereits durchlebte. (Nun wird es hochesoterisch. Die wahre Wesenheit ist ein Punkt ohne Ausdehnung, eine Monade). Es ist nun dieser Prozess des Auslebens oder Ausarbeitens der karmischen Wirkungen, welcher das Problem der Vererbung genauer erklärt und verständlich macht als es die moderne Biologie je könnte. Kein geringerer als der der Biologe Haeckel kam mit der Lehre von Karma und Reinkarnation in Berührung während einer seiner orientalischen Reisen in Ceylon. Und doch wandte Haeckel diese Lehre

zu sehr bzw. einseitig auf den menschlichen KÖRPER an. Was er völlig außer Acht ließ, wohl weil er es nicht wusste, war der - gerade für die Vererbungslehre - so wichtige Aspekt des menschlichen CHARAKTERS, seiner SKANDHAS (Sanskrit für permanente Atome), welche seine psychologischen, mentalen, emotionalen und dann auch physischen Attribute sind.
Doch sehen wir, was ein anderer prominenter Biologe, nämlich Huxley in seinem Buch *„Evolution and Ethics“* über die Vererbung schreibt: „Die tägliche Erfahrung macht uns vertraut mit den Fakten, welche unter dem Begriff Vererbung gruppiert sind. Jeder von uns trägt in sich offensichtliche Markierungen seiner Elternschaft, vielleicht auch von entfernteren Verbindungen. Die Summe der Tendenzen in einer gewissen Weise zu agieren (wir nennen es „Charakter“) kann oft zurückverfolgt werden durch eine lange Reihe von Ahnen. So können wir mit Recht sagen, dass dieser „Charakter“ - diese moralische und intellektuelle Essenz eines Menschen - von einem fleischlichen Tabernakel zum anderen übergeht und wirklich von Generation zu Generation transmigriert!“ Ende Zitat.
Das klingt in entferntem Sinne auch wie Reinkarnation, ist es aber eigentlich nicht. Der Biologe Huxley hat schon Recht, wenn er sagt, dass die physischen und psychischen Charakteristiken von den Eltern zu den Kindern überspringen oder transmigrieren. Aber was transmigriert wirklich? Die Antwort: Huxley schreibt hier von einer biologischen Lehre, dass der Mensch seine eigenen Charakteristika (und zwar physisch wie psychisch) seinen Nachkommen vererbt bzw. an sie weitergibt. Diese Charakteristika liegen latent im Zellplasma bzw. in den reproduktiven Zellen, welche Vater und Mutter an ihre Kinder weitergeben. Und in alledem also, in diesem „Charakter“, wie Huxley es nennt, liegt all das, was der Mensch später wird.

Nun ist es absolut wahr, dass diese Aggregate der physischen und psychischen Charakteristika und Tendenzen von den Eltern zu den Kindern transmigrieren. Aber WAS transmigriert? Ich sage, es sind die „Lebensatome“, eben jene zu Beginn dieses Kapitels erwähnten SKANDHAS bzw. ein Teil dieser Lebensatome, welche in einem niederen Stadium der Evolution von Eltern zu Kindern transmigrieren, denn es sind eben DIESE LEBENSATOME, welche das übertragene Keim-Plasma aktivieren und vitalisieren. Und doch ist dies nur ein geringer Teil der Lehre der Reinkarnation oder Wiedergeburt.
Lesen wir zunächst einmal, was Huxley schreibt: „In dem neu geborenen Kinde liegt der Charakter der Art latent, und das Ego ist dann wenig mehr als ein

Bündel von Potentialitäten (oder Potenzen). Doch sehr früh schon werden diese zu Aktualitäten und manifestieren von Kindheit bis ins Alter, sei es in Demenz oder Genialität, Schwäche oder Stärke mit all den dazwischen liegenden Variationen." Ende Zitat.

Was also hier gesagt wird, läuft auf folgendes hinaus: „Wir wissen nicht, wie sich diese Transmission von physischen und psychischen Tendenzen vollzieht, aber wir wissen, DASS es geschieht und das nennen wir dann Vererbung. Vererbung ist eine Tatsache. Sohn und Tochter ähneln ihren Eltern und die Eltern ihren Eltern etc. Das wissen wir und wir müssen noch herausfinden, WIE das zustande kommt."

Nun beschreiben Haeckels und Huxleys Definitionen in der Tat einen Teil der Vererbung, aber nur einen UNTERGEORDNETEN Teil dieses Vorganges. Es betrifft den von mir zu Beginn erwähnten Aspekt, welcher die Transmission oder Übertragung der Vehikel betrifft, welche sich (nun aufgemerkt) auf die SIE BESETZENDEN MONADEN oder Wesenheiten vorbereiten. Dies wiederum geschieht, indem die Lebensatome (Lebensatome der niederen Art) von Eltern zu Kind transmigrieren. Wenn ich sage „transmigrieren", dann meine ich etwas, was ein weites Feld der Aktivität auf allen Ebenen betrifft. Es hat zu tun mit den Lebensatomen, aus welchen die verschiedenen KÖRPER des Menschen bestehen, denn der Mensch hat eben NICHT nur einen Körper, sondern eine siebenschichtige Struktur (sichtbar und unsichtbar), welche ihn umgibt. Dies bezieht auch die AURA mit ein, welche man heute bereits durch Spezialfotografie sichtbar machen kann. Die verschiedenen „Körper" des Menschen sind Hüllen der Wahrnehmung, Schleier des Verstehens wenn man so will, denn der Mensch besitzt eben verschiedene Körper, rangierend von geistig bis zu physisch. Diese Körper vibrieren auf verschiedenen Bewusstseinsebenen, auf welchen der Mensch wirkt und handelt, „sät und erntet" und so seine Göttlichkeit auslebt. Der Mensch ist eben NICHT nur der physische Körper. Wenn man nur den physischen Körper in die Berechnungen einbezieht, wird man nie zur WAHREN Natur von Ursprung und Bestimmung des Menschen vordringen, wird man nie die Gesetze des Universums verstehen. Der wahre Mensch ist eine geistige Wesenheit, ein sublimes Wesen. Huxley schreibt über Karma auf Seite 62 in *„Evolution and Ethics"*: „Die Indischen Philosophen nannten Charakter „Karma". Ende Zitat.

So ist es. Aber Huxleys Interpretation ist nur ein kleiner Aspekt der großen Lehre des Karma. KARMA agiert auf allen Ebenen – die meisten von ihnen unsichtbar – welche mit des Menschen innerer Natur verbunden sind und zwar geistig, intellektuell, psychisch, emotional, astral, pranisch (Lebensenergie) und physisch.

Zurück zu Huxley: Er demonstriert das Karma des Körpers, übertragen von Eltern auf Kinder, durch die Transmission der niederen Lebensatome (NICHT die Wesenheit, sondern nur die Hülle). Huxley fügt seiner Bemerkung über Karma auf Seite 95 „*Evolution and Ethics*" folgendes hinzu: „Die Tendenz des Keimes, sich entsprechend eines bestimmten Typus zu entwickeln (die Kidney-Bohne) wächst zu einer Pflanze des „Phaseolus vulgaris"-Typs)".
Das ist dann eben das Karma der Wesenheit in der Bohne, so seltsam dies auch klingen mag...
Huxley fährt fort: „Oder wie Professor Rhys Davids so richtig sagt in seinen *Hibbert Lesungen* S.114: „Die Schneeflocke ist keine Eiche, sondern eben nur diese Art der Schneeflocke, denn es ist das Ergebnis des KARMA einer endlosen Serie von vergangenen Existenzen." Ende des Zitates.
Erstaunliche Worte für Wissenschaftler der orthodoxen Kategorie, oder?

Nun ist ja die Lehre von der Tendenz eines Keimes, sich in einen bestimmten Typus zu entwickeln, nichts neues. Es ist dies eine sehr alte Lehre. Die Schule der Stoiker in Griechenland und Rom lehrte dies bereits als „eine Operation des spermatischen Logos (logos spermatikos), also des „Samen-Logos" (siehe *DAS BUCH DES LICHTS*) oder auch Charakter-Logos. Es ist dieser „Logos spermatikos", welcher verursacht, dass eine Rose immer eine Rose produziert und nicht etwa eine Erbse oder eine Birne oder eine Butterblume. Es ist dieser „Logos Spermatikos", welcher aus einem Hühnerei ein Küken hervorbrechen lässt und nicht etwa einen Alligator oder einen Frosch. Es ist dieser „Logos Spermatikos", welcher den Kidney-Bohnen-Samen zu einer Kidney-Bohnen-Pflanze wachsen lässt.
Weil Huxley und Co. aber nichts von der ASTRALEN Evolution wissen, welche der physischen vorausging, so wissen sie auch nicht von dem ASTRALEN ätherischen Körper, welcher der transparente Konterpart einer jeden physischen Form ist. So interpretiert Huxley all diese Lehren als Vererbung des physischen Körpers gesehen. Dies ist zwar richtig, aber er versäumt dabei, den ASTRALEN Einfluss der inkarnierenden Wesenheit auf die physische Materie zu bedenken.
Was ist also VERERBUNG wirklich? Es steht außer Frage, dass Kinder sich nach den Strukturen der Eltern und Ahnen entwickeln. Das bestreitet niemand.

Doch was sind die Ursachen für eine derartige Entwicklung? Das Zusammenkommen gleicher Individuen ist verursacht durch PSYCHOMAGENTISCHE ANZIEHUNG oder Attraktion. Gleich zu gleich gesellt sich gern, und Gegensätze ziehen sich an. Beide Aussagen widersprechen sich keinesfalls. Sie ergänzen sich bestenfalls, und zwar folgendermaßen: Wenn eine an sich konservative, emotional kontrollierte Frau sich zu einem Mann hingezogen fühlt, der impulsiv-chaotisch und spontan ist, dann ist das so, weil der spontane Typus des Mannes den LATENT in der konservativen Frau schlummernden Typus erweckt und erfüllt, etc.,etc. All dies geschieht durch Reinkarnation oder Wiedergeburt, indem die WESENHEIT einen neuen Keim ergreift, welcher aber vom Verlangen bzw. den Lebensatomen der vergangenen Existenz erfüllt und aktiv wird. Dies entscheidet auf unterer physischer Ebene dann auch, ob ein Körper krank oder gesund, behindert oder nicht behindert geboren wird. Die Charaktere gleichen einander, also entsteht Sympathie zwischen ihnen, das nennt man dann Attraktion. Dies betrifft Freund UND Feind, denn auch Hass ist ja nichts weiter als eine Attraktion für den anderen. Wer mir nichts bedeutet, den hasse ich nicht einmal. Diese Wesenheiten oder auch EGOS aller Naturreiche sind also durch psychomagnetische Anziehung zueinander hingezogen und inkarnieren in dem selben familiären Milieu. Dies führt zu dem, was die Biologen Vererbung nennen von Generation zu Generation. Attraktion (positiv wie negativ) bringt die Steine, Pflanzen, Tiere und auch Menschen zusammen (ja, auch die Steine). Ist die Wesenheit bereit zu reinkarnieren, dann wird sie psychomagnetisch zu der Familie, dem Schoß, dem Keim hingezogen, der ihrer Schwingung entspricht. Ein Athlet in einem früheren Leben wird zu einem Keim hingezogen, welcher die Fortführung einer solchen Aktivität ermöglicht. Ein Mozart dagegen mag bereits viele Leben als Musiker gelebt haben und reinkarniert dann als „Genie“ bzw. wird dort hingezogen und schreibt mit 7 Jahren bereits eine Sinfonie. So ist also auch Talent nichts anderes als das Ergebnis derselben Tätigkeit, ausgeübt durch viele Leben hindurch. Es sind also NICHT die Eltern, welche den Kindern die Tendenzen geben, sondern es ist DAS KIND, welches diese Tendenzen IN SICH TRÄGT und somit zu den Keimen der Eltern hingezogen wird und sich somit durch sie neu verwirklicht und sein Karma auslebt.

Mit anderen Worten: Die Gene sind der ZWEITE und nicht der erste Schritt. DIE WESEHEIT ist der erste Schritt und sucht sich genau den Keim bzw. das Gen aus, welches seinem Karma entspricht. Darum gehört eben kein Kind den Eltern, sondern ist eine eigenständige Wesenheit, welche sich allerdings ohne

Hilfe der Eltern niemals verwirklichen könnte. Darum gebührt ALLEN Eltern Respekt und Liebe, aber eben gepaart mit dem rechten Wissen bzw. fundiert dadurch. So setzt sich der generelle Familien-Typus fort, allerdings mit konstanten Modifikationen und Variationen.
Das Phänomen „Vererbung" wird also verursacht durch die Inkarnationen eines jeden einzelnen familiären Stranges, Generation für Generation, durch Inkarnationen von Egos oder Wesenheiten, welche diese similaren Eigenschaften in das Erdenleben einbringen und sie in der entsprechenden Familie ausleben. Dies betrifft die physische Vererbung sowie die psychische Vererbung, es betrifft die LEBENSATOME, welche, getrieben von Verlangen, sich in den entsprechenden Naturreichen manifestieren und dieses Verlangen in den Archetypen ausleben.
Um es genauer zu sagen: Das psycho-astrale Fluidum der reinkarnierenden Wesenheit fließt durch und durchdringt und „wäscht" alle Lebensatome, welche die ZELLE bilden, zusammen mit ihrer Art von Chromosomen und Genen etc. Die dominanten PSYCHISCHEN Kräfte der reinkarnierenden Wesenheit zwingen die zellularen Strukturen, eine Form (krank oder gesund etc.) anzunehmen, welche es ermöglicht, das Karma der Wesenheit auszuleben. Dies ist auch die PHYSISCHE Erklärung dafür, warum gleichgeartete Egos in einer Familie gleiche Verhaltensstrukturen und Bahnen auf unsichtbaren Ebenen verursachen, welche wiederum ähnliche Konsequenzen oder Ergebnisse in den sich entwickelnden Oven und Spermien (bzw. Sperm im Ovum) erzeugen. Diese wiederum übertragen physisch die Ähnlichkeit der Typen auf ihre Nachkommen. So macht es Sinn und so funktioniert das auch.

Ich habe nun dargelegt, dass Charakter oder Art nicht etwas ist, das dem Kind von den Eltern gegeben wurde, sondern von der reinkarnierenden Wesenheit Leben für Leben übertragen und entwickelt wird. Man geht ja auch nicht nur einen Tag zur Schule. Ebenso entwickelt sich und lernt die Wesenheit Leben für Leben in den verschiedenen Naturreichen. Doch WIE wird diese Übertragung nun vollzogen? Um dies zu verstehen, muss man die Wissenschaft von den SKANDHAS studieren. Dies kann nur der vollständig, der *DAS BUCH DES LICHTS* liest. Hier kann ich nur folgendes andeuten: Wenn ein Mensch stirbt, dann nimmt er mit sich in die unsichtbaren Welten die Essenz des Charakters, welchen er während des Lebens, das nun endet, gebildet hat, aber auch in den Leben davor. Diese Eigenschaften sind die Skandhas, sie verbleiben als Samen von unerfüllten Impulsen (Verlangen), welche latent lagen, bis die Zeit kommt, sie in einem anderen Leben auszuleben. Wenn die Wesenheit sich auf den neuen Keim senkt, dann zieht sie diese Skandhas oder Charakteristika wieder an sich und wächst als Embryo, bricht durch den Geburtskanal und erlebt sich als Resultat seines Karmas vom vergangenen Leben. Wie man sät, so wird man ernten, LEBEN FÜR LEBEN. Niemand ist „schuld“ außer man selbst.

Wenn dem aber so ist, wie kommt es dann, dass Kinder, die von den selben Eltern geboren sind, manchmal so verschieden sind? Nun, in jedem Falle ist es der Charakter vom vergangenen Leben, der sich manifestiert. Doch warum findet sich die Wesenheit oft in einer Familie wieder, welche sie geradezu hasst? So mancher wird argumentieren: „Ich habe mir meine Eltern nicht ausgesucht. Sie misshandeln mich und sind schlecht zu mir.“ Dies aber ist so, weil Liebe UND Hass Energien sind, die LEBEN FÜR LEBEN weiter bestehen. Liebe UND Hass sind Attraktionen. Wer einen Menschen in einem vergangenen Leben missbraucht hat, der mag sogar DURCH diesen Menschen geboren werden und ihn dann als hasserfüllten Vater oder herzlose Mutter erleben. So lernt die Wesenheit durch Leiden und Freude. Wer argumentiert, warum er sich dann an ein vergangenes Leben nicht erinnern kann, dem kann man erwidern, dass DIE WESENHEIT sich sehr wohl erinnert und lernt. Sie treffen einen Menschen zum ersten Mal und er ist ihnen SOFORT sympathisch oder unsympathisch? DAS IST bereits Erinnerung an vergangene Leben. Wer WISSENSCHAFTLICHE Beweise für Reinkarnation oder Wiedergeburt sucht, der möge folgende Bücher lesen:

DAS BUCH DES LICHTS (Lanoo),
WIEDERGEBURT, die Beweise (Ian Stevenson)
OLD SOULS: THE SCIENTIFIC EVIDENCE FOR PAST LIVES (Tom Shroder)
FORENSIC EVIDENCE (Prabhupada)

DANN versteht man auch: Zwei Kinder aus gleicher Familie und gleichem sozialen Hintergrund. Beiden werden Drogen angeboten. Der eine nimmt sie und der andere lehnt ab. Wie kann dies sein? Nun, das ist so, weil die Wesenheit des einen Jungen vielleicht noch keine negative Erfahrung in dieser Art gemacht hat, die Wesenheit des anderen Jungen sehr wohl und zwar in einem vergangenen Leben. Es mag auch sein, dass ein Kind drogenabhängig starb und nun nicht widerstehen kann, während das andere Kind (auch als Erwachsener) unter Drogenmissbrauch in einem vergangenen Leben litt, diese Sucht überwand und nun der Versuchung widersteht. So erklärt sich das:

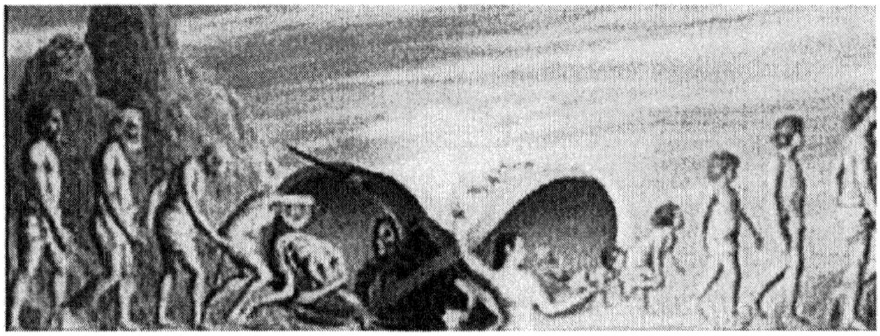

Wir verstehen nun, dass der Mensch eine INDIVIDUALITÄT ist. Der Mensch hat einen freien Willen. Er verändert sich von Tag zu Tag, von Jahr zu Jahr, von Leben zu Leben. Der Mensch ist nicht statisch. Er entwickelt nun den Charakter für das nächste Leben, und wenn dieses nächste Leben, diese nächste Reinkarnation kommt, dann wird der Mensch SICH SELBST in das neue Leben einbringen. Der Mensch ist somit seine eigene Vererbung, sein eigener Charakter und sein eigenes Karma. Wie man sät, so wird man ernten. Leben für leben. OM.

KANARIENVÖGEL

D: Die Bastarde dieser Art sind unfruchtbar.

L: Stimmt. Der Grund für die Unfruchtbarkeit der Bastarde liegt aber darin, dass die WESENHEITEN in solchen degenerierten Formen nichts mehr lernen, sich nicht mehr entwickeln oder evolvieren können und darum diese Formen MEIDEN. Dies führt dann zum Aussterben der Form oder Rasse. Wem das Wissen um die Existenz der WESENHEITEN abgeht, der wird auch niemals die wahre Bedeutung der Evolution verstehen.

LEBEN

Der Ursprung allen Lebens ist in NIRVANA verborgen, dem Zentralpunkt allen Seins. Wenn VERLANGEN in den Wesenheiten erwacht, verlassen sie NIRVANA und binden sich auf das Rad des Lebens und der Wiedergeburt. Das Leben endet mit dem Tode. NIRVANA ist JENSEITS von Leben und Tod.

NIRVANA ist das TODLOSE, zeitlos ewig existierende, und das sind WIR im Kern.
Leben ist nicht immer sichtbar. Leben kann in allen möglichen Arten existieren. Dies ist nicht nur die Lehre der esoterischen Wissenschaft. Es gibt auch einige wenige orthodoxe Wissenschaftler, die diese Meinung teilen.

LEMURIDEN
D: Die Lemuriden (Halbaffen) stehen unter und nahe bei den Simiaden; sie bilden eine sehr eigenartige Familie der Primaten. Diese Gruppe ist in einem ganz außerordentlichen Grade verschiedenartig und zerbröckelt und umfasst viele aberrante Formen. Wahrscheinlich sind viele ihrer Formen ausgestorben. Die meisten der Überbleibsel leben noch auf Inseln, namentlich auf Madagaskar und auf den Inseln des Malaiischen Archipels. Es ist wahrscheinlich, dass die Simiaden sich aus den Vorfahren der jetzt noch lebenden Lemuriden entwickelt haben und diese wiederum aus Formen, welche in die Reihe der Säugetiere sehr tief standen.
L: Darwin bezieht sich hier auch auf Haeckel, welcher jedoch in seiner Ansicht über Lemuriden irrt. Haeckel, um seine pithekoide Abstammung zu beweisen, hat nicht gezögert, die Lemuriden unter die AHNEN der Menschen einzureihen und zum Rang von Halbaffen zu erheben, von decidualosen Säugetieren, denen er sehr unrichtig eine Decidua (besondere Membran, welche die Plazenten vereint) und eine scheibenförmige Plazenta zuschreibt.
Ich sage, dass die Prosimien des Haeckel keine Decidua und eine diffuse Plazenta haben. Sie sind Indeciduaten und damit weit entfernt von jeder Möglichkeit, die Vorfahren der zonoplazentalen Säugetiere und schon gar der Menschen zu sein. Lemuriden sind zwar niedere Abzweigungen der Affen, stammen aber natürlich, wie alle anderen Affen auch, vom Menschen ab oder wie man so schön sagt: UMGEKEHRT wird ein Schuh draus.

LÜCKE (zwischen Menschen und Affen)
D: Die große Lücke in der organischen Kette zwischen dem Menschen und seinen nächsten Verwandten, welche von keiner ausgestorbenen oder lebenden Spezies überbrückt werden kann, hat oft als schwerwiegender Einwurf herhalten müssen gegen die Annahme, dass der Mensch von einer niederen Form abstamme.
L: Richtig, und genau diese Annahme ist auch das Todesurteil über Darwins Theorie.

MAORIS (und ihre Abnahme)
D: Die Abnahme der Maoris hat ihre Ursache in der Unfruchtbarkeit der Frauen.
L: Dies ist nur eine Wirkung, keine Ursache. DIE URSACHE für die Abnahme der Maoris, der Indianer, Eskimos, Australneger sowie für das „Aussterben ALLER Rassen" etc. etc. ist folgende: Die MONADEN (Geist-Seelen) dieser Formen suchen sich geeignete höhere Formen aus. Wer jedoch meine esoterischen Bücher nicht gelesen hat, der wird nicht wissen, was ich meine.

MENSCH
D: Der Mensch ist ein soziales Wesen. Abneigung gegen Einsamkeit, Wunsch nach Gesellschaft auch über den Rahmen seiner Familie hinaus. Einzelhaft eine der härtesten Strafen. Der Mensch von heute besitzt nur wenige spezielle Instinkte und hat viele verloren. Man sieht beim Menschen keine bestimmten Grenzen für die fortgesetzte Entwicklung seines Gehirns und seiner geistigen Fähigkeiten, wenigstens sowie ein Vorteil dabei in Frage kommt. Der Mensch ist ein Primat und gehört zur Ordnung der „Zweihänder". Die stark ausgeprägten Unterschiede vom Schädel des Menschen zu dem des Affen sind auf die verschiedene Entwicklung des Gehirns zurückzuführen.
Irgendein altes Glied der anthropomorphischen Untergruppe der Affen ist der Stammvater des Menschen gewesen. Ohne Zweifel hat der Mensch im Vergleich zu seinen Verwandten einen außerordentlich hohen Grad von Modifikationen erlitten, und zwar hauptsächlich als Folge der starken Entwicklung des Gehirns und seiner aufrechten Haltung. Die Geburtsstätte des Menschen war Afrika. Als der Mensch sein Haarkleid verlor, hat er wahrscheinlich ein heißes Land bewohnt.
Wir dürfen jedoch nicht in den Irrtum verfallen, etwa anzunehmen, dass der älteste Stammvater des Menschen mit einem noch lebenden Affen identisch oder einem solchen auch nur sehr ähnlich gewesen ist.
L: Mit diesem letzten Satz hat Darwin zweifellos recht, denn der Affe stammt vom Menschen ab. Ich lege nun dar, was ich meine, was der Mensch ist:
Der Mensch per se ist eine zeitlos ewige Wesenheit bzw. Monade auf ihrer Wanderschaft durch die Naturreiche – sichtbar und unsichtbar. Die Geburtsstätte des Menschen bzw. der Monade ist NIRVANA, auf Erden ist es der NORDPOL (vor etwa 2 Milliarden Jahren, als diese Erde noch astral war, und weiter zurück DER MOND, als dieser noch ein lebendiger Planet war. IM AUGENBLICK ist der Leser eine Monade, welche, getrieben von Verlangen

nach Fühlen, Tasten, Schmecken, Riechen, Hören, Sehen, Empfinden und Denken – im Menschenreich, umgeben mit einer menschlichen Form – zur Schule geht. Wer sich von alledem und von vielem anderem löst, findet ewige Zuflucht in NIRVANA. Die Monade oder die WESENHEIT, welche nun im Menschenreich lernt, hat bereits im Mineral-, Pflanzen- und Tierreich gelernt.

MENSCH UND ANTHROPOIDEN

L: Ich sage es noch einmal ganz klar heraus: Der Mensch hat und hatte nicht einen Tropfen anthropoiden oder simianen Blutes in sich. Es ist aber auch wahr, dass der FRÜHE Mensch physisch nicht so aussah wie heute. Der Mensch evolvier-te von einer primitiveren zu einer perfekteren Form, ebenso wie alle anderen Kreaturen. Der Mensch war in der Tat AFFENGLEICH in der Erscheinung, aber eben immer AUFRECHT gehend. Er war also niemals ein Affe oder ein auf allen Vieren gehendes Wesen. Der Affe erschien erst VIEL SPÄTER als der Mensch, da er ein ABKÖMMLING des frühen Menschen war, und zwar entspringend der geschlechtlichen Verbindung von Mensch und Tier, welche eben DAMALS noch möglich war. Darum gleicht der Affe von heute immer noch seinem menschlichen UND seinem tierischen Elternteil. Die Affen von damals waren auch tierischer oder tierhaftiger als es der Mensch je war, und dies schließt den frühen Menschen mit ein. Wenn ich also sage, dass der frühe Mensch affengleich war, dann meine ich damit, dass DIE EVOLVIERENDE WESENHEIT sich in menschenartige (aufrecht gehende) Körper manifestierte, welche zu einem gewissen Zeitpunkt ihrer Entwicklung „affengleich“ genannt werden können. Doch mit der Zeit verfeinerten sich die menschlichen Formen mehr und mehr bis zu der physischen Erscheinung von heute. Dies wird ja in gewisser Weise sogar von Koryphäen wie Professor Wood Jones bestätigt, wenn er in *„The Problem of Mans Ancestry“* schreibt: „...wir können sagen, dass der Mensch nicht nur primitiver als die Monkeys und Affen ist ...aber dass er auch eine Kreatur war, die auf seinen zwei Beinen aufrecht ging für eine erstaunlich lange Zeit.“

In dieselbe Kerbe schlägt Professor BOULE aus Paris. Nachdem er ein menschliches Skelett-Fossil untersuchte, welches 1908 bei La Chapelle-aux-Saints gefunden wurde, folgerte der Professor in *„L'Homme fossile de la Chapelle-aux-Saint“*: „Der Mensch stammt weder vom Anthropoiden noch von irgendeiner anderen bekannten Gruppe, sondern von einem SEHR ALTEN PRIMATEN, welcher sich sogar lange vor den Lemuriden abspaltete von der Hauptlinie.“

Genau, lieber Professor, und dieser „sehr alte Primat“ ist eben der Mensch selber, von dem ALLE ARTEN abstammen. Und dieser „Urmensch“, von dem alle Arten abstammen, lebte im Sekundär und im Jura-Zeitalter. Auch spaltete sich der Mensch nicht von der Hauptlinie ab, sondern er WAR diese Hauptlinie. Nun sage ich ja, dass die mehr menschliche Erscheinung des frühen Affenembryos ein Fall von „Rückfall in die früheren Typen“ ist, und zwar ein „Rückfall“ oder eine Entwicklung in den früheren MENSCHLICHEN Elternteil der gegewärtigen Affenart, denn: Der Ahne des Affen ist das Resultat von Sex zwischen Tier und MENSCH. Doch im Zellplasma ist auch der ANTHROPOIDE Teil, und dieser verursacht das individuelle Wachstum des AFFEN zu seiner entsprechenden Affenform. Eben darum ist ja der Affe in seiner Jugend menschenähnlicher und im Alter affen- bzw. tierähnlicher. Nun sage ich auch, dass der Anthropoide oder Affe vor vielen Millionen Jahren, etwa im Miozän des Tertiärs, dem Menschen und dem damaligen Tier entsprang bzw. der sexuellen Vereinigung von beiden. Dies erklärt auch, warum der Affe dem Menschen so ähnlich ist in einigen Dingen und so unähnlich in anderen Dingen. So war es dann auch der Fall mit den niederen Simianenarten, den Monkeys. Doch dies geschah in einer Tertiär-Epoche, welche noch viel weiter zurück lag, nämlich im Mesozän, der Epoche der „gedankenschwachen Menschen“, wie *DAS BUCH DES LICHTS* sie nennt. Nun muss man wissen, dass in jenen entfernten Zeitepochen diese speziellen Kreuzungen zwischen Mensch und Tier fast immer fruchtbar waren, einfach darum, weil die Körper der Menschen und der Tiere des Mesozän viel weicher, ja protoplasmischer waren als sie es heute sind. Das Fleisch gehorchte dem Geiste damals noch viel weniger als das heute der Fall ist. Nun haben ja die Affen und Monkeys Spuren menschlichen Blutes in sich, und zwar die Monkeys „einen Tropfen“ (wie Purucker es nennt) und die Affen „zwei Tropfen“ menschlichen Blutes. Doch der Mensch selber hat keinen Tropfen simianischen oder anthropoiden Blutes in sich. Und doch behauptet Darwin, dass der Mensch vom Affen abstammt.

MIKROZEPHALE IDIOTEN

D: Menschen mit verhältnismäßg kleineren Schädeln und Gehirnen und weniger komplizierten Gehirnwindungen sind mikrozephale Idioten. All dies weist auf eine Entwicklungshemmung im Gehirn hin. Die Kiefer stehen in einem „erschrecklichen“ Grade vor, so dass diese Idioten einigermaßen den niederen Typen des Menschen ähnlich sind. Sie sind oft unflätig und tierhaft in ihrem Benehmen und haben kein Gefühl für Anstand.

L: Mikrozephale Idioten sind meist Monaden, die entweder noch nicht lange im Menschenreich gelernt haben oder Monaden, die ihre Existenz im Menschenreich MISSBRAUCHT haben und dann in diesem Leben ihr Karma ausleben bzw. „ernten, was sie gesät haben". Blavatsky schreibt: „Die Monaden der niedrigsten Arten der Menschheit, z.B. der „Schwachköpfigen", hatten kein Karma abzuarbeiten, als sie zum ersten Mal als Menschen geboren wurden, wie ihre an Intelligenz mehr begünstigten Brüder es hatten. Die ersteren spinnen ihr Karma nur jetzt aus; die letzteren sind belastet mit vergangenem, gegenwärtigem und zukünftigem Karma. In dieser Beziehung ist der arme Wilde glücklicher als der größte Genius zivilisierter Länder.

MILCHDRÜSEN

D: Es ist bekannt, dass die Männchen aller Säugetiere, den Menschen eingeschlossen, rudimentäre Milchdrüsen besitzen. Der Grund: Es ist möglich, dass sich diese Milchdrüsen zuerst bei den Weibchen entwickelt und dann auf die Männchen vererbt haben, aber kaum wahrscheinlich.

L: Warum so kompliziert, wenn's auch einfach geht? Die frühe Menschheit war (vor mehr als 18 Millionen Jahren) zwittergeschlechtlich, dann teilte sich diese Menschheit in Männer und Frauen, die einen dominant, die anderen rezeptiv. Bald werden wir alle wieder zwittergeschlechtlich sein, und dann geschlechtslos und dann...

MONADEN

L: Was ist eine Monade? Die Monade ist die Wesenheit selbst, das ewige Prinzip in uns. Der Rest, also Körper, Denken, Seele, Geist und was es sonst noch so geben mag, sowie alle Sinnestätigkeiten, die niedrigsten und höchstgeistigsten eingeschlossen, all dies geht zu Bruch, hinterlässt jedoch „permanente Atome", welche bei der neuen Manifestation der Monade wieder von ihr aufgenommen werden und die Reise der Monade durch die Naturreiche beginnt aufs Neue, dort fortfahrend, wo sie aufgehört hat. Dieses Gesetz gilt für die Monade des Menschen bzw. aller Lebewesen, aller Fauna und Flora, sei es hier oder auf einem anderen Planeten, sei es in unserem Universum oder in irgendeinem anderen Paralleluniversum, genauso wie für die Monade eines Planeten, einer Sonne, eines Sonnensystem, einer Galaxie, ja für die Monade des gesamten Universums. Jedes Atom ist der Ausdruck einer Monade. Jede Form ist darum das Spiegelbild von unendlich vielen Monaden in Manifestation. Die Monade ist das einzige UNTEILBARE in uns. Zu Beginn bzw. beim Wieder-

erwachen des Universums emaniert die Monade aus dem Universalgeist und wird am Ende der entsprechenden Weltenperiode wieder in den Universalgeist absorbiert.
Die Monade erlaubt es dem Leser, dort weiterzudenken, wo Darwin aufhörte. Wem dies zu unwissenschaftlich ist, dem sei gesagt, dass die Wissenschaft selbst sich der Definition der Monade bedient ohne es zu wissen. Democritus nannte die kleinsten unteilbaren Teilchen „atomoi", ein griechisches Wort für „unteilbar." Er sagte auch, dass diese Teilchen mit den Messgeräten der physischen Welt nicht erfassbar sind. Hiermit, lieber Leser, haben Sie bereits die Basis für die atomare Theorie der modernen Chemie sowie auch die Basis der Nebular-Hypothese von Laplace, Herschel und anderen. Und doch haben diese Wissenschaftler dem Begriff Atom eine ganz andere und falsche Bedeutung gegeben bzw. ihn dazu benutzt.
Die alten Griechen nämlich nannten das KLEINSTE Teilchen „atomos" (Pl. „atomoi"), was soviel bedeutet wie unteilbar, von a = nicht, tomos = teilbar. Die Wissenschaft benutzte diesen Begriff, um ihn einem Teilchen Materie zuzuschreiben, von dem sie dachten, dass es unteilbar sei. Ist es natürlich nicht. Die alten weisen Griechen meinten mit ATOMOS natürlich niemals dieses Teilchen. Von dem wussten sie bereits damals, dass es teilbar ist. Sie meinten die Ursache und Wurzel dessen, was von den Wissenschaften heute irrtümlich Atom genannt wird. Sie meinten DIE MONADE. IHR schrieben sie die Eigenschaft der Unteilbarkeit zu. Und so ist es auch. Man nennt die Monade auch „Pilger" oder (die Zwei in einem) während ihres Zyklus von Inkarnationen.
Wenn die Wissenschaft sich schon des Griechischen bedient, um das ihrer Meinung nach kleinste Teilchen zu beschreiben, dann müsste sie es TOMOS nennen, denn TOMOS heißt TEILBAR. Dann stimmt's wieder.
Die Abstammung des Menschen und die Entstehung der Arten erklären zu wollen, ohne um die Monade zu wissen, ist so, als wolle der Wilde die Funktion eines Radios erklären. ER MUSS ja denken, dass da wirklich ein kleiner Mann im Radio ist, der spricht.
Ein Grund dafür, warum KLONEN übrigens meist nicht oder nur unvollkommen funktionert bzw. funktionieren wird, ist der, dass die FORM zwar geklont werden kann, doch die WESENHEITEN oder MONADEN müssen diese Form AKTIVIEREN. Fehlt dieser monadische Impuls, wird die Form sterben oder degeneriert weiterexistieren.
Man bedenke: Jede Zelle des Körpers ist ein vitales Organ. In dieser Zelle sind uendlich viele Möglichkeiten der Entwicklung. Die Monade, erfüllt vom Durst

nach bewusstem Leben, wird JEDE MÖGLICHKEIT ergreifen, solche Zellen oder Zellstrukturen zu aktivieren und sie mit Leben zu erfüllen. Niedrig entwickelte Monaden können eben nur Mollusken etc. aktivieren, HOCH entwickelte Monaden dagegen menschliche Atome bzw. Körper. Dazwischen liegt die Auswahl der Pflanzen und Tiere. Auf jeden Topf passt ein Deckel. In früheren geologischen Perioden, als die menschliche Art noch jung und unentwickelt war, mehr astral als physisch, stieß der Mensch Zellen ab bzw. verlor sie ganz natürlich, weil eben die atomare Struktur noch nicht so dicht und zusammenhaltend war, wie sie es heute beim Menschen ist. Jede der Zellen dieser prä-protoplasmischen menschlichen Körper war in der Lage, wenn am Körper verbleibend, einen ganzen Menschen zu entwickeln, durch den Prozess der Selbstteilung. Doch wenn ABGESTOSSEN vom menschlichen Körper und ohne den menschlichen Einfluss, dann entwickelte eine solche Zelle sich natürlich in eine Lebensform, NIEDRIGER als der Mensch. Diese Formen waren die Ur-ur- (etc.) Ahnen ALLER heutigen Tiere. Damals war JEDE Zelle des Körpers der androgyn-geschlechtslosen Menschheit reproduktiv und bedurfte keiner Beigabe eines Samens etc. Heute ist die Situation anders.
In unserer heutigen Zeit ist ein solcher Vorgang nicht mehr möglich, weil die Zellen des menschlichen Körpers nicht so locker sind wie sie es damals in der astralen und halb-physischen Substanz und Struktur waren. Darum werden solche reproduktiven Zellen, ob sexuell oder geklont nur einen Menschen entwickeln und kein Tier, gerade so wie eine Pflanze nur eine Pflanze erzeugen wird und ein Tier ein Tier. DOCH DAMALS gab es eben mehr Möglichkeiten der Reproduktion, weil die Arten dichter beieinander standen. Heute sind sie zu weit voneinander entfernt in Evolution um z.B. eine fruchtbare sexuelle Vereinigung von Mensch und Tier zu ermöglichen.

MOND

D: Der Mond wurde vor etwa 52.000.000 Jahren aus der Masse der Erde geschleudert. (Darwin ließ sich in seinen Berechnungen durch die Untersuchungen von Helmholtz, Ferrel, Sir William Thomson und anderen leiten, wobei er dann den durch die Gezeiten bewirkten Rotationsverlust bzw. die Rotationsverzögerung berücksichtigte und zu dem Ergebnis kam, dass früher der Mond der Erde viel näher war als er es heute ist).
L: Es ist genau umgekehrt. Der Mond ist viel älter als die Erde. Dies bedarf natürlich einer genaueren Begründung und Erläuterung. Alsdann:

Der Mond ist zwar der Satellit unserer Erde, und doch stammt die Erde vom Mond ab. Dies wiederum kann nur der verstehen, der die Planetenketten-Lehre, wie im *BUCH DES LICHTS* präsentiert, versteht. Wenn ein Planet stirbt, dann projiziert er seine Energie in ein neues neutrales Zentrum (schwarzes Loch etc.), auch laya genannt. Um dieses Zentrum bildet sich dann der neue Planet. So ist es geschehen vor etwa 2 Milliarden Jahren, als der Mond starb und eine neue Erde hervorbrachte. Zu erklären, wie dies im Einzelnen von statten ging, würde den Rahmen dieses Buches sprengen. Im Lichte dieser Erkenntnis kann sich Darwins Theorie einfach nicht bewähren. Doch auch ohne diesen Einwand macht Darwins Theorie, den Mond betreffend, keinen Sinn. Um Darwins Theorie Sinn zu geben, hat man gleich andere Theorien aufgestellt, z.B. dass die Erde 14.0000.0000 Jahre alt sein soll seit ihrer VERKRUSTUNG, dann wäre der Mond nur 11 2/3 Millionen Jahre alt, weil man ja auch noch annimmt, dass der Mond sich nahezu sechsmal schneller abgekühlt habe als die Erde. Ich frage: Wenn der Mond von der Erde weggeschleudert wurde, gilt dies auch für die Monde anderer Planeten? Darauf geben uns die Astronomen keine Antwort. Der Mond war einst ein lebender Planet mit LEBEN darauf. Jetzt ist er ein kosmischer Leichnam, und wenn die Sonne auf ihn scheint und er dieses sogenannte Mondlicht auf die Erde reflektiert, dann wirft der Mond damit auch alles Unheilsame auf die Erde. Darum geschehen bei Vollmond auch die häufigsten Verbrechen. Und doch sind die Ausstrahlungen des Mondes gleichzeitig wohltuend und verderbniserregend. Warum der Mond gerade auf die Emotionen der Wesen oft so verheerend wirkt, ist im *BUCH DES LICHTS* erklärt. Der Mond ist älter als die Erde. Er ist ihre „Mutter“. Steine, die auf dem Mond gefunden wurden, sind älter als alles, was je auf der Erde existierte.
Mehr ist mir in diesem Buch nicht gestattet über das Thema Mond auszusagen.

MONDPERIODEN

D: Auch der Mensch ist jenem geheimnisvollen Gesetz unterworfen, nach dem gewisse normale Vorgänge wie Trächtigkeit, Reife oder Dauer mancher Krankheiten den Mondperioden folgen.

L: Der Grund dafür ist so esoterisch, dass ich ihn eigentlich nicht erwähnen sollte, kann Darwins Erkenntnisse jedoch nicht ganz kommentarlos übergehen. So sage ich: Der Mensch, wie alle anderen Wesen, ist den Mondperioden unterworfen, weil wir unsere Körper von den „Herren des Mondes“ (lunare Pitris) erlangten, einer Milliarden Jahre alten Astralrasse und eben auch weil...(siehe *DAS BUCH DES LICHTS*)“

MONOGENISMUS
D: Die Menschenrassen stammen von einem einzigen ursprünglichen Stamm (oder Paar) ab. In einem frühen Stadium der Divergenz von einer gemeinsamen Stammform müssen die Unterschiede zwischen den Menschenrassen und ihre Zahl nur klein gewesen sein.
L: Der Mensch hat einen polygenetischen Ursprung, er entstammt also verschiedenen Gruppen, welche zunächst astral, dann halb-physisch geschlechtslos zwitterhaft waren, von unterschiedlichen Farbe, sich dann in Geschlechter teilend.

MUSKELN
L: Die Wissenschaftler sind der Wahrheit oft so nah, doch dann schrecken sie zurück, weil ja nicht sein kann, was nicht sein darf. Ich zitiere Dr. Haugthon, welcher erstaunt feststellt, dass es Abweichungen am menschlichen Flexor pollicis longus gibt: „Dieses merkwürdige Beispiel zeigt, dass der Mensch zuweilen diejenige Anordnung der Sehnen des Daumens und der übrigen Finger besitzen kann, welche für den Makaken charakteristisch ist; ob man aber einen solchen Fall so beurteilen soll, als ob hier ein Makake aufwärts in die menschliche Form ODER EIN MENSCH ABWÄRTS IN DIE MAKAKENFORM übergehe oder ob man darin ein angeborenes Naturspiel sehen darf, vermag ich nicht zu entscheiden.“ Diese Abweichungen am Flexor pollicis longus und deren merkwürdige Beziehungen zu den Muskeln der Quadrumanen wurden übrigens auch von Prof. Macalister (Proceed. Roy. Irish Academy, Bd.X, 1864, S.138) beschrieben. Es ist natürlich so, wie Dr. Haugthon vermutet: DER MENSCH bzw. seine Absonderungen entwickelten sich zu den Makakenformen von heute. Und so ist es mit der GESAMTEN restlichen Fauna und Flora auf Erden. ALLES entstammt dem Menschen.

NACHAHMUNGSTRIEB
D: Der Nachahmungstrieb des Menschen ist sehr stark.
L: Mag sein, aber der Nachahmungstrieb des Affen ist stärker. Der Affe ahmt DEN MENSCHEN nach, die inferiore Art ahmt die superiore Art nach. Auch darum stammt der Affe vom Menschen ab.

NEANDERTALER (Homo Neandertalensis)
L: Arbeiter fanden 1856 in einem Steinbruch in einer Höhle in Düsseldorf im Neandertal eine Anzahl alter Knochen und eine Schädeldecke. Darum entspann

sich eine neue wissenschaftliche Kontroverse. Gehörte diese Schädeldecke einst einem kranken wilden Menschen oder war sie tatsächlich Teil eines Urmenschenskeletts?
Darwin, der 1859 und 1871 seine beiden Werke („*Entstehung der Arten*“ und „*Abstammung des Menschen*“) veröffentlicht hatte, hielt sich aus das diesen Auseinandersetzungen heraus. Ich aber werde dies nicht tun und nun erklären, was der Neandertal-Mensch wirklich ist:

Er gehört auf keinen Fall zum „fehlenden Glied“, weil sein Schädel von durchschnittlichem Fassungsraum war. Selbst Huxley musste dies eingestehen. Es gibt Ureinwohnerstämme in Indien, deren Gehirne viel kleiner sind und jenem des Affen näher stehen als irgendein Schädel eines bisher gefundenen paläolithischen Menschen. Der Neandertal-Schädel besitzt zwar große Buckeln auf der Stirn, die auffallend an jene erinnern, welche dem Gorilla sein besonders wildes Aussehen verleihen, doch man sehe nur die vollkommen menschlichen Proportionen der begleitenden Gliederknochen mit einer schönen Entwicklung des Engis-Schädels. Es handelt sich beim Neandertal-Menschen ganz einfach um einen degenerierten Abkömmling einer Menschenrasse, welche ganz verschieden war von unserer heutigen. Es ist dann schon so wie der berühmte Dr. C.R. Bree in „*Irrtümer des Darwinismus*“ schreibt: „Der Neandertal-Schädel, über welchen soviel gesagt worden ist, gehört einer sehr entfernten Epoche an und zeigt doch, obwohl er der Schädel eines Idioten gewesen sein mag, ungeheuere Unterschiede von den höchsten bekannten menschenähnlichen Affen.“
Die Affen von heute sind degenerierte Affen, die damals vor Millionen von Jahren viel höher entwickelt waren, aber immer noch und auch schon damals auf allen Vieren liefen. Ich wiederhole: Der menschliche Schädel, die nasalen Knochen, die Zunge, Füße, Hände and andere physische Strukturen sind viel primitiver, also ÄLTER als jene Strukturen der Säugetiere und anthropoiden Affen, welche einen viel höheren Grad der Spezialisierung zeigen. Der Australopithecus, homo habilis und der frühe homo erectus haben mehr Ähnlichkeiten und sind affenähnlicher, während der spätere homo erectus, Neandertaler und homo sapiens menschenähnlicher sind

.

Der Neandertaler ist also ein degenerierter Mensch der frühen Epoche. Er lebte vor etwa 200.000 Jahren und starb vor etwa 30.000 – 40.000 Jahren aus.

NEGER

D: Neger und andere dunkelfarbige Rassen haben ihre dunkle Farbe dadurch erlangt, dass während einer langen Reihe von Generationen die dunkleren Individuen stets dem tödlichen Einflusse der Miasmen ihrer Haut entgangen sind.

L: Die Neger sind eine noch im Anfang ihrer Entwicklung stehende Rasse. Das heißt jedoch nicht, dass sie im Vergleich zu uns unterentwickelt sind. Keineswegs. Neger sind im Vergleich zu der ihnen BEVORSTEHENDEN geistigen Entwicklung noch auf einer sich entwickelnden Stufe. In einigen tausend Jahren werden die Neger einen weitaus wichtigeren Platz in der Menschheitsgeschichte einnehmen als sie es heute tun, aber dann werden sie keine Neger mehr sein wie sie es heute sind, denn es wird eine Vermischung mit anderen Rassen stattgefunden haben, wie es ja schon heute begonnen hat. Wer meint, dass die schwarze Hautfarbe ein Indiz für Unterentwicklung ist, der möge bedenken, dass der große HOMER schwarz war, von schwarzer Haut, mit schwarzen Haaren und schwarzen Augen. Auf Grund der stetigen Vermischung der Rassen miteinander wird es in etwa 20.000 Jahren nur noch „reine" Neger in Afrika selbst geben. Neger sind dolichocephalisch, also „langköpfig". Warum Neger schwarz sind? Das hat mit der Sonne nur sekundär zu tun. Mehrere Rassen und Hautfarben entwickelten sich PARALLEL auf der Erde.
Siehe *DER SINN DES LEBENS* und *DAS BUCH DES LICHTS*.

NEUWELTAFFEN

L: Neuweltaffen sind Breitnasenaffen oder PLATYRRHINI. Sie leben in den tro-pischen Wäldern von Mittel- und Südamerika, also in der Neuen Welt. Sie ha-ben in der Regel 36 Zähne und einen breiteren Zwischenraum zwischen den Nasenlöchern (darum Breitnasenaffen) als die Altweltaffen. Der Schwanz ist ein Greifschwanz. Alle Platyrrhini leben auf Bäumen und sind überwiegend Vegetarier, verspeisen aber auch Insekten. Die kleinen Krallenaffen, eine relativ ursprüngliche Gruppe, haben nur 32 Zähne, einen kleinen Greifschwanz und ihre Finger haben Krallen anstatt Nägel. Wie die Lemuren oder Halbaffen markieren sie ihr Revier durch Duftdrüsen.

OHR

D: Die Ohrmuschel ist ein Rudiment.

L: Falsch. Es ist eher umgekehrt. Tiere haben Ohren weil MENSCHEN Ohren haben. Das Tier stammt vom Menschen ab. Die verminderte Denkfähigkeit der Tiere zwang sie im Laufe der Jahrmillionen, STÄRKERE Sinnesorgane wie

Ohren und Augen etc. zu entwickeln als der Mensch sie hat. Darum sind die Ohren vieler Tiere auch beweglicher als die der Menschen.

PAVIAN

D: Tiere (z.B. Paviane) werden durch dieselben Gemütserregungen erregt wie wir. Paviane sind auch nachtragend und empfinden Hohn und Verachtung.
Die Gehirnwindungen bei einem menschlichen Embryo aus dem siebenten Monat sind ungefähr so weit entwickelt wie bei einem erwachsenen Pavian.
L: Richtig. Darum stammt ja der Affe vom Menschen ab. Daran ändert auch Huxleys Statement nichts, wenn er sagt: „Der Ursprung und die ersten Stadien der Entwicklung des Menschen sind mit denen der unmittelbar unter ihm stehenden Tiere identisch. Ohne Zweifel steht er in dieser Hinsicht den Affen näher als diese dem Hunde stehen." Ende Zitat.
DOCH BEIDE, der Affe und der Hund, so sage ich, stammen vom MENSCHEN ab.

PLAZENTALE SÄUGETIERE`mit Plazenta Mutterkuchen.

D: Die plazentalen Tiere haben sich von den Nicht-plazentalen abgezweigt. Bei dem Versuch die Genealogie der Säugetiere und damit auch des Menschen noch weiter abwärts in der Tierreihe zu verfolgen, kommen wir mehr und mehr ins Dunkle. Kein echter Vogel, kein echtes Reptil tritt in die direkte Abstammungslinie ein.
L: Richtig. Eben weil der Mensch nicht vom Tier abstammt, sondern umgekehrt. Doch bleiben wir bei der Plazenta. Die Mutterkuchen bildenden Säugetiere sind SPÄTER als der Mensch. Vor jenen Tieren gab es aber auch mutterkuchenlose Tiere, und die Art der Fortpflanzung war eine völlig verschiedene, eine von der sich die heutige Zoologie nichts träumen lässt. Darwin glaubt, dass sich die menschliche Spezies von den niederen zu den höheren Lebensformen entwickelt hat. Dies trifft - zumindest für diese Erde - nicht zu und kann auch nicht bewiesen werden. Aber die nötigen „missing links" oder fehlenden Bindeglieder einer solchen „Von-unten-nach-oben"-Entwicklung wurden nie gefunden, eben weil es diese Entwicklung so nicht gab. Die Wissenschaft gibt das Erscheinen des Menschen nicht vor dem SCHLUSS der tertiären Periode zu, weil der Mensch als jünger dargestellt werden muss als die höheren Säugetiere. Das wiederum ist so widersinnig, als wolle man behaupten, der Sohn wäre vor dem Vater da gewesen. In Wirklichkeit existierte der erste Mensch bereits in der PRÄSEKUNDÄR-Periode. Dies kann nur der verstehen,

der *DAS BUCH DES LICHTS* studiert und erkennt, dass es vor der physischen Entwicklung eine astral-feinstoffliche gab. Es ist dies die Entwicklung des PHYSIOLOGISCHEN Menschen aus den astralen Rassen der frühlemurischen Zeit bzw. in der JURA-Epoche. Man bedenke hierbei auch noch, dass die Tiere einschließlich der Säugetiere alle nach und teilweise AUS den abgeworfenen Geweben des Menschen entwickelt wurden, dass aber das Säugetier als viel niedrigeres Wesen viel früher (vor etwa 40 Millionen Jahren) als der Mensch PLAZENTAL und getrennt wurde. Die menschliche androgyn-geschlechtslose Rasse trennte sich in Geschlechter vor etwa 18 Millionen Jahren. All diese Entwicklung aus dem Astralen ins Physische geschieht durch Dhyan-Chohanischen Anstoß.

POLYGENISMUS,
die Lehre vom Entstehen der Menschen aus mehreren Arten. Polygenie = Vielstämmigkeit.
D: Wenn das Entwicklungsprinzip allgemeine Annahme gefunden hat, wird der Streit zwischen den Monogenisten (Mensch stammt von einer Quelle ab) und den Polygenisten (Mensch stammt von mehreren Quellen ab) sterben.
L: Beide, Polygenisten und Monogenisten, haben Recht, es fragt sich nur, WELCHE Perioden in der Entwicklungsstufe und Erscheinungsfolge der Lebewesen sie meinen. Die Menschen, wie ALLE Lebewesen entstammen (bzw. wiedererwachen aus) EINER Quelle, DANN teilen sie sich in z.B. siebenfacher Anordnung und diesen VERSCHIEDENEN (zunächst astralen) Rassen entspringen dann - zunächst geschlechtslos, dann geschlechtlich - die verschiedenen Rassen und Lebensformen. Kein außerkosmischer Schöpfer erschafft das Ganze aufs Neue. ALLES existiert immer und manifestiert sich periodisch, getrieben von Verlangen. Der Ursprung des Menschen ist dahingehend POLYGENETISCH und zwar so, dass sich Millionen von androgynen Menschen TEILEN in Millionen von Männern und Frauen, welche sich dann sexuell fortpflanzen. Dies geschah vor etwa 18 Millionen von Jahren.

Ich fasse zusammen: Der Ursprung des Menschen als Form ist nicht eine einzige Quelle. Es gibt keinen primitiven Garten Eden der Bibel in dieser Bedeutung. Das ist eine Allegorie, deren wahre Bedeutung *DAS BUCH DES LICHTS* enthüllt. Wir entstammen nicht einem einzelnen Paar Adam und Eva. Da wären wir ja alle das Produkt von Inzucht. Auch dies ist eine Allegorie für die Adam/Eva bzw. Mann/Frau-Rasse, also Millionen von androgynen bzw. potenziell zweigeschlechtlichen Wesen, die sich erst SPÄTER in Geschlechter teilten und sich dann sexuell vermehrten. Die kabbalistischen Juden wussten dies immer. POLYGENISMUS ist der Ursprung des Menschen oder besser ein modifizierter Polygenismus. Die verschiedenen Arten, welche die menschliche Rasse formen, sind als eine Einheit entstanden aus verschiedenen zeitgleichen zoologischen Zentren bzw. von verschiedenen Gruppen, die auf verschiedenen Zonen auf dieser Erde lebten, vor vielen hundert Millionen von Jahren in einer weit zurückliegenden geologischen Vergangenheit.

POLYMORPHE (vielgestaltige) Formen.

D: Die Verschiedenheit der einzelnen Rassen der Menschen in der Farbe, der Behaarung, der Form der Gesichtszüge etc. erklärt sich durch sexuelle Zuchtwahl.

L: Falsch. Die Vielfalt und Verschiedenheit der Menschen erklärt sich dadurch, dass es bereits zu Beginn verschiedene Rassen in verschiedenen Hautfarben etc. gab, welche sich dann sexuell vereinten. Da alle Formen dem Menschen entstammen, sind sie ebenso vielfältig wie der Mensch selber.

PRÄKAMBRIUM

D: Die Erde muss schon im Präkambrium von Lebewesen dicht bevölkert gewesen sein.

L: Richtig. Bereits da existierte der Mensch.

PRIMATEN

D: Primaten sind Herrentiere, also Menschen, Affen und Halbaffen.

L: Primaten ist ein wissenschaftlicher Begriff, der die höheren Tiere der angeblichen evolutionären Serie einschließt, inklusive den Menschen, Affen, die Monkeys, den anthropoiden Affen, Lemuren und vielleicht noch ein oder zwei andere geringere Arten. Der Mensch hat, das Arrangement seiner Muskeln sowie die Schädelform und das Skelett betreffend, NICHT dieselbe weitgefächerte spezifische Variation. Nehmen wir nur den Pectoralis minor Muskel als Bespiel. Dies ist ein Muskel, der von den Rippen zum Arm verläuft. Er verläuft über den Coracoideus des Schulterblattes hinunter zum Humerus und teilweise zu einem Ligament des Humerus, also des Knochens des Oberarmes. Im Monkey ist er weiter unten mit demselben Ligament verbunden, aber auch mit dem Humerus. Bei vielen Vierfüßlern ist er VÖLLIG mit dem Humerus verbunden. Um nun die evolutionäre Entwicklung des Menschen von niederen Tieren zu

beweisen (die alle in Wirklichkeit VOM MENSCHEN abstammen), geht Darwin so vor, indem er die Lebensformen UNTER dem Menschen erforscht und definiert. Eine beliebte Methode in diesem Zusammenhang ist es, zunächst skelettale und muskuläre Identitäten, Varitionen oder Analogien, erst in Affen, dann in Monkeys, dann in Lemuren, dann in Vierfüßlern aufzuspüren. Findet der Wissenschaftler solches in seinen Untersuchungen, dann folgert er sofort, dass die Tiere einen Teil der evolutionären Entwicklung bilden, deren Spitze eben der Mensch ist. Mit anderen Worten, sie folgern, dass der Mensch die SPÄTESTE in der Serie der lebenden Form ist und dass alle anderen Kreaturen seine Vorgänger waren und somit die Bindeglieder der evolutionären Kette ergeben, von welchen das niederste Wesen die originale und primitive Form war. Darwin hat damit die Realität auf den Kopf gestellt. Würde er sie wieder auf die Beine stellen, dann würde sie esoterisch wissenschaftlich und damit wahr. DER MENSCH steht an der Spitze aller Entwicklung und über ihm die GEISTIG ASTRALEN Wesenheiten, unter ihm die Tiere, Pflanzen, Steine, die alle VOM MENSCHEN abstammen und dann noch tiefer die dämonischen Kräfte und Wesen der niederen astralen Ebenen, von den Religionen „Hölle" genannt, welcher Begriff übrigens, wie so vieles in den Religionen, heidnischen Ursprungs ist.
Auf die Darwinistische Weise deduktiv den Ursprung des Menschen vom TIER ableiten zu wollen, ist also irreführend und falsch. Es gibt keine Bindeglieder zwischen den großen Phyla. Außerdem sind die niederen Arten viel weiter entwickelt in ihrer eigenen partikulären Linie, bestimmte wichtige skelettale und muskuläre Variationen betreffend, als es der Mensch ist, welcher der PRIMITIVSTE aller Arten ist, primitiv als primus, also erster, VOR allen anderen Arten erscheinend bzw. URSPRÜNGLICH definiert. DER MENSCH, weil die älteste aller Arten auf Erden, ist immer noch seinem Urtypus treu geblieben in der Entwicklung, es sind DIE TIERE, vor allem die Affen etc., welche sich ihrer eigenen Linie folgend skelettal und die Muskelanordnung betreffend VIEL WEITER entwickelt bzw. angepasst haben, der Notwendigkeit gehorchend. Auch andere sehr PRIMITIVE Tiere haben ebenso wie der Mensch ihren Typus beibehalten, es sind ja nur die „jüngeren" Arten, welche variieren in ihrer Entwicklung und sich den neuen Bedingungen schnell anpassen..
Nun werden Darwinisten einwenden, dass der besagte Muskel Pectoralis minor in seiner evolutionären Entwicklung „aufgestiegen'" ist vom Humerus, welcher für sie seine primitive Verbindung ist. Nachdem er entlang des Ligaments ge-

wachsen ist, hat er dann eben seinen Höchststand der Entwicklung im MENSCHEN erreicht. So mag ein Darwinist argumentieren. Doch genau das Gegenteil ist der Fall, wie die anatomische Untersuchung beweist.
Der wirkliche Primus ist der Mensch, denn von ihm stammen alle anderen Arten ab.

PROSTATA
D: Die Prostatadrüse wird bei vielen männlichen Säugetieren gefunden.
L: Selbst die Frau hat eine Prostatadrüse, wenn auch viel kleiner und „versteckter" als der Mann. Die Prostata ist „das Siebente Siegel".

RASSEN der Menschen
D: Selbst die verschiedensten Menschenrassen (Inder, Chinesen, Indianer, Europäer, Neger, Eskimos, etc. etc.) sind einander der Form nach viel ähnlicher als man zuerst annehmen möchte. Doch wenn wir sie näher betrachten, erscheinen sie uns unzweifelhaft sehr verschieden in Hautfarbe, Haarfarbe, Verschiedenheit der Gesichtszüge und Formen etc.
Die Rassen weichen auch in der Konstitution, in der Akklimatisationsfähigkeit und in der Empfänglichkeit für verschiedene Krankheiten voneinander ab. Stellt der Mensch nun eine einzige Spezies dar oder eine Rasse?
Die Kreuzung distinkter Rassen führt in einigen Fällen zur Bildung einer neuen Rasse. Die Kreuzung in naher Berührung liegender Rassen resultieren in einer heterogenen Mischung.
L: Dies und mehr schreibt Darwin, doch er verfehlt es, den wahren Grund für die Verschiedenheit der Menschen zu erklären.
DER MENSCH ist der Mikrokosmos der Arten, ER enthält den Vorrat an allen Typen und Arten IN SICH.
Die Ursache für die Verschiedenheit der Menschen voneinander liegt in der unterschiedlichen Entwicklung der Astralrassen, aber auch in den „Sieben Strahlen" (siehe *DAS BUCH DES LICHTS*). Für jetzt nur soviel: Diese verschiedenen Rassen erschienen vor vielen Millionen von Jahren in reiner Form auf „sieben Zonen", dort, wo heute der Nordpol der Erde liegt. Die Wiege des ersten PHYSCHEN Menschenstammes jedoch liegt in Lemurien (Atlantis kam später), einem Kontinent, welcher sich einst vor vielen Millionen von Jahren von Madagaskar bis Ceylon und Sumatra erstreckte und einige Teile des heutigen Afrikas in sich einschloss. Dieses ungeheuere Festland, welches sich vom Indischen Ozean bis Australien erstreckte und das jetzt gänzlich unter den Wassern

der Südsee verschwunden ist, hat nur hier und da einige von seinen Hochlandspitzen übriggelassen, welche jetzt Inseln sind. Selbst der Naturforscher A.R. Wallace schreibt an Herrn Charles Gould: „Es erstreckt sich das Australien der Tertiärperiode bis nach Neuguinea und zu den Salomonsinseln und vielleicht bis Fidschi; und aus seinen Beuteltiertypen folgt ein Zusammenhang mit dem nördlichen Kontinent während der sekundären Periode.“
Die Rassen des Nordpols und dann Lemuriens interagierten - später auch sexuell - was zur Entstehung der Rassen von heute führte. Ihre (damaligen) Absonderungen entwickelten sich zu den Tieren von heute.

REGENERATION (Wiedererzeugung) DER GLIEDER

D: Die Stümpfe des Menschen, die nach einer Amputation seiner Glieder besonders im frühen Embryonalperioden übrig bleiben, besitzen zuweilen die Fähigkeit der Regeneration wie bei den niedersten Tieren.
L: Das ist so, weil das Tier vom MENSCHEN abstammt und der Mensch diese Eigenschaft ebenfalls besaß und als Embryo diese tierische Phase im Zeitraffer durchläuft. Später verliert er natürlich diese Fähigkeit. Einige Tiere wie z.B. Salamander, Seesterne, Einsiedlerkrebse oder Strudelwürmer besitzen die Fähigkeit, ihre verlorengegangenen bzw. geschädigten Gliedmaßen nachwachsen zu lassen. Weibliche Vogelspinnen ersetzen verlorene Gliedmaßen in kurzer Zeit (2-3 Häutungsintervalle). Haie haben 300 Zähne, die nachwachsen, wenn abgebrochen.

Diese Fähigkeit ist eigentlich ALLEN Wesen gegeben beziehungsweise liegt latent schlummernd in ihnen. Das neue Fleisch wächst dann entlang der ätherischen Matrix des aurischen Originals, denn es gibt kein Stück Materie im Universum ohne ätherisches Konterpart.

RELIGION

D: Es gibt keine Beweise dafür, dass der Mensch seit seinem Ursprung an die Existenz eines allmächtigen Gottes glaubte.

L: Stimmt. Die Religionen von heute sind die degenerierten Symbolismen einer einst REINEN LEHRE von Ursprung und Bestimmung von Mensch und Universum wie beschrieben im *BUCH DES LICHTS*. Es gibt keinen extrakosmischen Schöpfer, und selbst WENN es ihn gäbe, dann hätte er es verdient, mehr als nur einmal gekreuzigt zu werden dafür, dass er diese verrückte perverse Welt, dieses SCHLACHTHAUS der Natur, erschaffen hat und dann auch noch die Welt dafür verantwortlich macht, dass sie so verrückt ist. Auch der sogenannte angeblich von ihm verliehene „freie Wille" ändert nichts daran, doch ich schweife wieder einmal ab.

Die Gläubigen von heute beten einen Gott an, der „Sünder" erschuf und sie dann dafür bestraft, dass sie Sünder sind. Ist darum alles falsch, was die Religionen lehren und was in den „Heiligen Schriften" steht? Natürlich nicht, man darf es nur nicht wörtich nehmen, sondern muss es mit dem rechten Vertändnis lesen. Die in diesem Buch verkündete Lehre ist zum Beispiel keine neue Religion, sondern sie ist so alt wie der denkende Mensch. Auch wird sie nicht zum ersten Male verkündet. Man lese nur Blavatskys „Geheimlehre" und die Schriften von Dr. Gottfried von Purucker. Relgionsgründer waren nie wirklich Gründer, sondern immer nur ÜBERLIEFERER. Das bin ich auch. Ich gebe weiter, was man mich gelehrt hat. Derjenige, für den es keinen Sinn macht, der möge woanders suchen. Eine Lehre wie die hier präsentierte ist nur für wenige bestimmt und ihrer Zeit weit voraus. Bald jedoch wird sie Allgemeinwissen sein.

Die dogmatischen Religionen von heute betonen zu sehr das geschlechtliche Element in allem und verstehen nicht, dass z.B. die „vielen Frauen großer Seher und Propheten" etc. nur symbolisch standen für KOSMISCHE Kräfte (Shakti), deren wahre Bedeutung nicht für die Augen und Ohren von Nicht-Eingeweihten bestimmt waren. Es sind eben alles nur Allegorien, die, wenn wörtlich genommen, zu den perversesten Interpretationen führen.

Die späteren Religionen sind Kopien der früheren Religion bzw. des einen Wissens. Die Entstehung von Religionen muss man so verstehen, dass wir einst unter den Göttern wandelten und mit ihnen konfabulierten, von ihnen lernten etc. Dann fiel der Mensch NOTWENDIGERWEISE immer tiefer in die Materialität und verlor den Kontakt zu den hohen Wesenheiten. Diesen Kontakt will er heute durch oft heidnische Rituale wiederherstellen, wie ich jedoch meine, vergebens. Die Religionen der Brahmanen sind ebenfalls voller Allegorien, die man nicht wörtlich nehmen darf, weil sie sonst keinen Sinn machen, ja LÄCHERLICH wirken. Z.B: „Die Erde flieht vor Prithu, der sie verfolgt. Sie nimmt die Gestalt einer Kuh an und zittert vor Entsetzen" etc etc. Wer so naiv ist, dies wörtlich zu nehmen und glaubt, dass die wahren Brahmanen glauben, dass die Erde sich in eine Kuh verwandelt, der ist mit Sicherheit naiver als jene, die er der Naivität beschuldigt. Diese Allegorie mit der Kuh etc. ist HOCHWISSENSCHAFTLICHER kosmischer Natur. Wenn die Kuh sich kugelförmig zusammenkrümmt, dann will dies für den Eingeweihten auch auf die Kugelgestalt bzw. sphärische Form der Erde deuten. Hinter dieser Kuh-Allegorie verbergen sich wissenschaftlich kosmische Informationen, die alle im *BUCH DES LICHTS* enthüllt sind und nach denen bis heute die Wissenschaftler verzweifelt suchen. Warum dann so geheimnisvoll? Warum die allegorische und symbolische Verkleidung wie in der Bibel und anderen Schriften zu lesen? Weil sonst dieses Wissen niemals überlebt hätte und die Zeit für seine völlige Enthüllung erst jetzt gekommen ist.

Nehmen wir z.B. die christlichen Religionen. Sie waren einst hochesoterisch und verkündeten unter anderem die Lehre von Karma und Reinkarnation. Heute sind diese Religionen zur christlichen Theologie erniedrigt worden. Die Bibel darf man nicht wörtlich nehmen. Hier nur ein Beispiel von vielen: „Die heiligen Tiere" sind von ebensolcher kosmischer Bedeutung wie jene Tiere, die man angeblich nicht essen darf. Die Betonung dieser Tiere hat den Zweck, ihre SYMBOLIK aufrecht zu erhalten. Und die Geschichte von Adam und Eva bestätigt, wenn korrekt gelesen und übersetzt, die polygenentische Abstammung des Menschen von einst hermaphroditischen Rassen etc., denn Adam und Eva waren zunächst ein Fleisch, also Adam-Eva oder die androgyne, zunächst geschlechtslose, dann hermaphroditisch-doppelgeschlechtliche menschliche Rasse, welche sich später in Adams und Evas, also in Männer und Frauen, teilte. Wie genau dieser Teilungsvorgang vonstatten ging, ist im *BUCH DES LICHTS* erklärt.
Oder: Die Wiederauferstehung in der Bibel bedeutet Reinkarnation, aber auch die Wiederauferstehung oder neue geistige Geburt des neuen Menschen während des selben Lebens, wenn man den alten Menschen (die alten schlechten Gewohnheiten) abgelegt hat. Die wichtigste Bedeutung von Wiederauferstehung oder „neu geboren" ist jedoch EINWEIHUNG oder symbolische Kreuzigung in der Pyramide, ein Ritual, welches oft mit dem Tode des Kandidaten

endete, im Erfolgsfalle aber mit seiner ERLEUCHTUNG. Das ist - unter anderem - die wahre Bedeutung von Jesu Auferstehung. Dass er nach dem Tode seinen Aposteln erschien, weist auf die Bedeutung des Ätherkörpers hin, welcher nach dem Tode schon vielen Menschen erschienen ist. Die Geschichte von Jonah und dem Wal muss man auch nicht wörtlich nehmen, weil sie sonst kindisch und nicht glaubhaft wäre. Was diese Geschichte wirklich bedeutet, ist untere anderem, dass eine ganze Menschheit einst im Zeichen der Fische unterging. STERNZEICHEN DER FISCHE ist das Stichwort. Die Apostel in der Jesus-Geschichte wurden nicht „Fischer" genannt, weil sie es wirklich waren, sondern weil „Jesus" den Beginn des Fische-Zeitalters bedeutet. Und so weiter und so weiter. *DAS BUCH DES LICHTS* erklärt uns alle diese symbolischen Geschichten und Parabeln im Detail.

Diese Schrift und meine anderen esoterischen Schriften haben die Aufgabe, die Religionen auf Erden zu vereinen, nicht sie zu trennen. Ich kann hier nur andeuten. „Jesus" zum Beispiel war der Prototyp für eine große Seele, auf Erden inkarniert, ein Mahatma. Einen wörtlich genommenen Jesus gab es niemals und natürlich auch keine Kreuzigung, wie in der Bibel beschrieben. Die wahre Bedeutung des Kreuzes ist hochesoterisch und im *BUCH DES LICHTS* im Detail enthüllt. Wenn „Jesus" sagte: „Ich bin der Weg und das Leben", dann meint das nicht, wie fanatische Christen in aller Welt glauben (hoffend, dass ihnen jemand anders die Arbeit des Sich-Entwickelns und Lernens abnimmt), dass ein Jesus selbst der Weg ist, sondern es meint, dass wir Menschen eben jenen selben Weg der Vervollkommnung gehen müssen, so wie auch diese göttlichen Hierarchien das auch vor uns getan haben. Eine „Jesus wird's schon richten"-Mentalität hilft da nicht viel, von einigen Placebo-Effekten abgesehen. Wir alle sind unsere eigenen Erretter, aber auch der „Erretter" unseres Nachbarn, aber auch der Lebensformen und Arten unter uns, denn wir alle sind Götter im Werden. DIE MONADE ist der Christ in uns. Sie zu erwecken sind wir hier. Dies geschieht nicht durch stundenlanges Beten, sondern durch HANDELN (reines Leben, reine Gedanken und Taten und rechte Bemühungen). Das Organ des Gottes in uns ist die Zirbeldrüse.

Es ist auch an der Zeit, einmal mit einem anderen weitverbreiteten Irrtum aufzuräumen. Die frühen Christen wurden nicht von heidnischen Richtern verurteilt, weil sie nicht der Staatsreligion folgten oder weil sie an Jesus glaubten, sondern weil sie DIE GESETZE brachen. Die Griechen und römischen Richter nannten die frühen Christen ATHEOI (gegen die Götter), also Atheisten, weil sie eben NICHT an den Gott bzw. die Götter der damals herrschenden Staatsreligion glaubten. Es stimmt aber überhaupt nicht, dass die Christen verfolgt wurden wegen ihrer Religion. Das ist eine von späteren Christen erfundene Mär, um sich so mit dem Heiligenschein des Märtyrers umgeben zu können. In Wahrheit haben jene Christen die Landesgesetze nicht beachtet, sie gebrochen und sich dabei auf ihren Gott berufen. Den damaligen Herrschern war es ziemlich schnurz, welchen Gott die Christen anbeteten, aber es war ihnen nicht egal, ob diese Christen die Gesetze des Landes brachen und öffentlich verkündeten, dass sie keinem anderen Richter unterstanden als Gott allein.

Abschließend kann man sagen, dass es nur eine Möglichkeit gibt, den wahren Frieden auf Erden zu erlangen, und das wäre DIE VEREINIGUNG aller Religionen, indem man ihre symbolischen Masken abnimmt und den wahren esoterischen Kern enthüllt. Und genau dies beabsichtige ich mit meinen Büchern. Dies kann aber nur geschehen, wenn alle Gläubigen den WAHREN SINN hinter der Symbolik ihrer Religion verstehen. DIESER GEMEINSAME ESOTERISCHE KERN wird dann alle Religionen vereinen. Darum habe ich, wie gesagt, meine esoterischen Bücher geschrieben, zu denen auch dieses Buch gehört und vor allem *DAS BUCH DES LICHTS.*

REPTILIEN

L: Die Reptilien sind die unmittelbaren Nachkommen der Amphibien, die letzteren solche der Fische und die Fische solche von niederen Formen und letztere die Nachkommen des Menschen vor etwa 600 Millionen Jahren. Das ist so, weil die MONADEN durch all diese Daseinsformen auf einem anderen Planeten hindurchgegangen sind bis hinauf zum Menschen hier auf Erden. Darum erschien der Mensch zuerst auf Erden, stieß seine Substanz ab und gab weiter an genetischer Information, was er als Stein, Pflanze und Tier auf einem anderen Planeten, aber auch auf diesem vor etwa 600 Millionen Jahren gelernt hatte. 300 Millionen Jahre später wurde der Mensch, indem er Substanz seiner eigenen Form abstieß, dann die Quelle und Ursache aller Fauna und Flora auf Erden. Der „Mensch", wenn man diese Astralform so nennen mag, erschien aber schon auf unserem Planeten vor etwa 1,5 Milliarden Jahren, als unser Planet noch ein astraler Feuerball war. Der Grad der Stofflichkeit auf Erden änderte sich mit der ihrer Bewohner in gleichem Verhältnis. Wenn man jetzt greifbare Versteinerungen findet, so wird deren Alter oft falsch geschätzt, weil diese jetzigen Versteinerungen einst astral-protoplasmisch waren und darum oft doppelt so alt und mehr sind wie angenommen. Des Weiteren: So wie es eine Welt der Form gibt, so gibt es auch eine Welt der Formlosigkeit. Beide Welten enthalten Wesenheiten, nur auf verschiedenen Ebenen des Seins. Nur wer *DAS BUCH DES LICHTS* liest, wird verstehen.

RUDIMENTE und ihre Ursachen.

D: Es lässt sich kein höheres Tier angeben, bei dem nicht irgendein Teil rudimentär wäre, und der Mensch bildet keine Ausnahme von dieser Regel. Rudimentäre Organe unterscheiden sich von eben entstehenden. Brustdrüsen der männlichen Vierfüßler (damit auch der Zweifüßler) sowie die oberen Schneidezähne der Wiederkäuer, die niemals zum Durchbruch kommen, sind entweder völlig nutzlos oder von derart geringem Nutzen, dass man schwerlich annehmen kann, dass ihre Entwicklung unter den gegenwärtigen Bedingungen stattgefunden hat. Diese Organe sind nicht mehr der natürlichen Zuchtwahl unterworfen. Oft werden sie ganz unterdrückt. Jedoch können sie wieder auftauchen, dann sind sie der Beachtung wert. Die häufig vorkommende große Verschiedenheit in der Länge des Schwanzes bei Makaken, Pavianen, Mandrills etc. ist nicht erklärbar. Diejenigen Affen, die dem Menschen am nächsten stehen, entbehren dieses Organ wie ja auch der Mensch selbst.

L: Was rudimentäre Organe anbelangt, so kann man Folgendes sagen: Die Trennung der Geschlechter von adrogyn-geschlechtlosen Menschen in Männer und Frauen vor etwa 18 Millionen von Jahren, also aus einst hermaphroditischen Arten, VERURSACHTE diese rudimantären Organe im heutigen Menschen. Dies sind greifbare Spuren von ursprünglichem Hermaphroditismus im früheren Menschen.

Professor Oskar Schmidt, ein DARWINIST, schreibt: „Gebrauch und Nichtgebrauch in Verbindung mit Auslese erläutern die TRENNUNG DER GESCHLECHTER und das auf anderem Wege völlig unbegreifliche Vorhandensein der rudimentären Geschlechtsorgane. Besonders bei den Wirbeltieren HAT JEDES GESCHLECHT SO AUFFALLENDE SPUREN VON DEN DAS ANDERE GESCHLECHT CHARAKTERISIERENDEN FORTPFLANZUNGSWERKZEUGEN, dass schon das Altertum den Hermaphroditismus als einen natürlichen Urzustand des Menschen annahm....“ Ende Zitat

Man kann somit getrost die Idee verwerfen, dass sich die Natur des Menschen aus dem Affen entwickelte, sie muss vielmehr in der frühatlantischen Periode gesucht werden. Der damalige Mensch war kein Affe, sondern affenähnlich, das heißt, er hatte eine affenartige, aber AUFRECHTGEHENDE Form und Struktur. DARUM sieht der Affe von heute eben wie ein Affe aus, weil der Mensch damals so aussah. Die Natur hat um den zunächst astralen Menschen oder um einige von ihnen eben diese affenartige Form gebaut. Nicht alle frühen Menschen sahen so aus, doch sie alle gingen aufrecht, sogar bereits als astrale Schatten. Dies kann nur der wirklich verstehen, der den Begriff MONADE in diesem und in meinen anderen esoterischen Büchern studiert. Denn es ist ja eben diese Monade oder WESENHEIT, welche durch alle Naturreiche „wandert“ und lernt. Und wenn ich sage, „...die Natur hat...gebaut“, dann meine ich damit keineswegs, dass die Natur ein „Schöpfer“ ist. Was geschieht, ist vielmehr folgendes: Die Archetypen ALLER Lebenwesen sind in Akasha-Äther enthalten. Wenn die Monade der Wesenheit die Urmaterie berührt, gesellen sich alle anderen Monaden dazu, so den Körper bzw. dessen Form verursachend, und zwar entlang dem Archetypus und dem Entwicklungsstand der jeweiligen Monade entsprechend.

Darwin, aber auch Haeckel prunken im Triumphe zu Gunsten ihrer Affen-Mensch-Theorie, indem sie auf den rudimentären Schwanz am Fötus hinweisen. Ihnen geht jedoch das esoterische Wissen ab, welches uns lehrt, dass der Mensch bzw. die Wesenheit vor Äonen durch die Entwicklung Stein-Pflanze-Tier hindurchging und sich nun im MENSCHENREICH befindet. Dieser Vorgang wiederholt sich im „Zeitraffer“ während jeder Schwangerschaft im Bauch der Mutter. Da ist die Wesenheit oder MONADE eine einfache Zelle, eine Pflanze mit drei oder vier Blättchen, eine Kaulquappe mit Kiemen, ein Säugetier mit einem Schwanz, und schließlich ein Zweifüßler. Warum? Weil er dies alles BEREITS WAR. Sogar LEFEVRE schreibt: „Es ist kaum möglich, in der embryonischen Entwicklung nicht eine flüchtige Skizze, eine getreue Zusammenfassung der ganzen organischen Reihe zu erkennen.“ (Lefevre, *Philosophie*, S. 484). Recht hat er. ALLES, was der Mensch in der Natur auf Erden wahrnimmt, das WAR er bereits einmal. Da haben die Evolutionisten schon Recht, wenn sie behaupten, dass „... die Geschichte des Embryos ein Abriss von jener der Rasse ist.“ Man muss den Menschen bis durch das Pflanzenreich zurückverfolgen um dies zu verstehen. Das bedeutet aber NICHT, dass die Pflanze zum Tier und das Tier dann zum Menschen wird, sondern es ist DIE

WESENHEIT, welche durch diese verschiedenen Stadien in den Naturreichen geht, welche streng voneinander getrennt sind. Die Naturreiche bzw. deren Formen selbst entwickeln sich ebenfalls, jedoch weitaus langsamer als die Wesenheit, welche z. B. vom Pflanzenreich ins Tiereich und dann ins Menschenreich wechselt.

Nun gab es zu allen Zeiten europäische Anthropologen, welche die Herleitung des Menschen von einer tierischen Ahnenschaft bestritten und bestreiten. Doch sie alle müssen scheitern, weil ihnen die esoterische Argumentation abgeht. Sie fanden sich außerstande, Darwins und Haeckels Argumente betreffs der Anwesenheit von Kiemenspalten und Schwanzrudimenten beim Embryo und manchmal sogar beim geborenen Kinde zu widerlegen. Ich aber sage: Der menschliche Typus ist die Fundgrube aller potenziellen Formen und der Mittelpunkt, aus dem diese letzteren ausstrahlen. DER MENSCH war zuerst da mit diesen rudimentären Skizzen in seiner Körperstruktur. Diese (zunächst astralen) ABSONDERUNGEN des Menschen entwickelten sich zu den Urformen der Tiere von heute. Diese wiederum entwickelten - die beim Menschen jetzt unnötigen - Rudimente in voller Tätigkeit und zu praktischem Gebrauch. Die Stufenleiter des Typus wird während der Schwangerschaft durchlaufen. Dieser Typus war nicht immer so wie der Mensch heute ist und so erklärt sich auch die Geburt von Kindern mit einem tatsächlichen Schwanzanhange oder die Tatsache, dass der Schwanz (als Rückenverlängerung) bei dem menschlichen Fötus in einer Periode die doppelte Länge der in Entstehung begriffenen Beine hat. Aus dem Ruder laufende Schwangerschaften, aber auch andere abnormale Bedingungen etc. sowie auch Karma sind der Grund, warum sich eine solche Wesenheit noch nicht zum heutigen Status entwickelte. Wenn Darwin dies als Rückkehr zu den Formen der Vorfahren bezeichnet, dann hat er sogar Recht, aber in anderem Sinne, als er es möchte.
Nun fragt Darwin: „Aber wie soll man die Anwesenheit von Kiemenspalten beim menschlichen Fötus erklären, die das Stadium repräsentieren, während welchem die Kiemen der Fische entwickelt werden? Wie kommt es, dass Stadien im Leben von Fischen, deren Vorfahren in den Meeren der silurischen Periode schwammen, ebenso wie Stadien, in denen die spätere amphybische und reptilische Fauna in der „abgekürzten Geschichte“ der menschlichen fötalen Entwicklung (also während der Schwangerschaft) widergespiegelt sind?“ Die Antwort darauf ist folgende: Die irdischen Tierformen vor hunderten Millionen von Jahren sind ebenso sehr auf den damaligen androgyn-

geschlechtslosen Menschen zurückzuführen wie der heutige Säugetierstamm auf die Menschheit, welche nach den ersten androgyn-astralen Menschen erschienen. Der Vorgang der menschlichen fötalen Entwicklung während der neunmonatigen Schwangerschaft gibt also BEIDE Entwicklungsepochen wieder. Dies erklärt wiederum auch die „Schwanzfrage“ beim Embryo oder gar beim geborenen Kinde.

Doch wie steht es mit dem Schwanzansatz im neugeborenen Kinde? Es gibt in der Tat Kinder, die mit einer schwanzartigen Verlängerung des unteren Teiles des Rückgrats geboren sind. Na und? Es gab in der Tat frühe Menschen, die einen Schwanz hatten. Laut Darwin soll ja der Schwanz bzw. dessen Fehlen im Menschen ein Zeichen für die hohe Entwicklung des Menschen sein. Wenn dem so ist, dann ist der Gorilla höher entwickelt als der Mensch, denn der Gorilla hat nur drei Kokzygeal-Knochen oder Cudale Vertebrae bzw. Knochen am unteren Ende seiner Wirbelsäule, der Mensch dagegen hat vier und manchmal sogar fünf dieser Knochen. Also: Es gab frühe Menschen mit Schwänzen und andere ohne Schwänze. Jene zunächst protoplasmischen Menschen mit Schwänzen sonderten Material bzw. Substanz ab, welches sich zu Tieren mit Schwänzen entwickelte. So einfach ist dies. Tiere mit Schwänzen stammen von MENSCHEN mit Schwänzen ab. Doch macht sie dies deshalb weniger zu MENSCHEN? Ich glaube doch nicht. Da frage ich Haeckel: „Wenn die Kiemenspalten mit ihren Begleiterscheinungen als die Illustration einer aktiven Funktion bei unseren angeblichen amphibischen und fischartigen Ahnen (siehe seine 12. und 13. Stufe) sein sollen, dann erklären Sie mir doch einmal, warum das im fötalen Wachstum auftretende „Vegetabil mit Blättchen“ (Prof. Andre Lefevre) nicht unter Haeckels Stufen auftritt, durch welche das Moner bei seinem Aufsteigen zum Menschen angeblich hindurchgegangen ist. Haeckel postuliert KEINEN VEGETABILEN Ahnen. Ich aber sage, dass der Mensch bzw. die Wesenheit sogar einmal eine Pflanze war, lange VOR dem Erscheinen der heutigen Pflanzen auf Erden. Die heutigen Pflanzen jedoch gibt es, weil es DEN MENSCHEN gibt. ER ist IM KEIME der Behälter allen Lebens, wie wir es heute kennen. Darum sage ich: Je länger das zwischen unsere Zeiten und die sogenannten paläolitischen Menschen gelegte Interwall ist, um so verhängnisvoller und verderblicher ist das konstatierte Resultat für die Theorie von der allmählichen Entwicklung des Menschen aus dem Tierreiche, denn der älteste Mensch war ebenso weit vom Tiere entfernt wie der jetzt lebende Mensch vom Tiere entfernt ist.

SÄUGETIERE

D: Säugetiere entwickelten sich VOR dem Menschen.

L: Alle Säugetiere stammen vom Menschen vor 300 Millionen Jahren ab. Alle übrigen Tiere bzw. Fauna UND Flora stammen vom Menschen vor etwa 600 Millionen Jahren ab. DER MENSCH war das erste Säugetier auf Erden, eben darum ist er auch das am höchsten entwickelte Säugetier, weil er am längsten Zeit hatte sich zu entwickeln, und zwar nicht so sehr in der skelettalen oder muskulären Struktur (wenn wir mal von der astralen zur physischen Entwicklung absehen und vom Schrumpfen in der Größe), sondern im GEHIRN. Darwin konnte eine zielgerichtete Evolution von den niederen Arten hoch zum Menschen nicht nachweisen, weil das Umgekehrte der Fall ist und war. DER MENSCH ist der Ursprung aller Arten, ja auch aller Vegetation etc. Hat der Mensch einmal die (Urformen der) Arten abgeworfen, dann entwickeln sich diese individuell verschieden entlang ihrer eigenen evolutionären Struktur, getrieben von den sie „besetzenden“ Wesenheiten oder Monaden und immer entlang dem Archetypen.

Der genealogische Baum der Arten ist auf Erden der Mensch. Die verschiedenen Zweige dieses Baumes sind

a) die anthropoiden Affen (nahe verwandt mit den Monkeys)

b) die Vierfüßler oder Quatrupeden

c) die Vögel und alle anderen Arten etc. etc. Sie alle sind verschiedene Zweige ein und des selben Baumes, der in unserer physischen Welt DER MENSCH ist.

Es gibt also nicht nur EINE Evolutionsleiter, sondern viele. Sie alle jedoch entspringen dem Menschen.

SANDWICH-INSELN

D: Die Abnahme der eingeborenen Bevölkerung der Sandwich-Inseln ist ebenso notorisch wie die von Neuseeland. So nahmen von 1856 und 1872 die Eingeborenen reinen Blutes auf den Sandwich-Inseln um 8081 ab, während die für gesünder gehaltenen Mischlinge um 847 zunahmen.

L: Die Ureinwohner der Sandwich-Inseln sind ein weiterer Beweis für meine These, dass diese Inseln und tausende anderer polynesischer Inseln in etwa zweitausend Seemeilen Umkreis einst ein einziger großer polynesischer Kontinent waren. Was ich meine, ist, dass die Sandwich-Inseln, Neuseeland, die Osterinsel sowie Fiji, Samoa, Tonga, Foutouha, Oueeha, die Marquesas, Tahiti, Pomatou sowie die Gambiers, dass sie alle GIPFEL von Bergen dieses einen

polynesischen Kontinents sind, wie ja auch jede Insel nichts weiter als der platte Gipfel eines Berges ist, welcher zum größten Teil unter Wasser steht.
Wie komme ich nun zu dieser Annahme? Ein Grund von vielen ist, dass vor Ankunft der Europäer die Bewohner dieser weit auseinander liegenden Inseln einander nie gekannt oder voneinander gehört haben. Jedes dieser Völker behauptet jedoch ein und das selbe, nämlich, dass seine Insel einstmals einen Teil eines ungeheueren Landstriches gebildet habe, welcher sich gegen Westen, nach der asiatischen Seite erstreckte.
Und bringt man diese verschiedenen Inselvölker zusammen, dann findet man, dass sie alle dieselbe Sprache sprechen, dieselben Gewohnheiten haben und denselben religiösen Glauben. Fragt man sie nach der Wiege ihres Geschlechtes, dann strecken sie ihre Hand nach der untergehenden Sonne aus.
Der Grund für die aussterbenden Inselbewohner liegt darin, dass die Monaden dieser Formen sich in höher entwickelten menschlichen Rassen manifestieren und die alten Formen „abstoßen“, was dann zum Aussterben dieser Formen bzw. Rassen führt. Wenn die Monade sich nicht im Keim manifestiert, bleibt dieser fruchtlos oder verursacht eine Totgeburt. Dem widerspricht auch nicht die Zunahme der Mischlinge. Wenn deren karmische Welle ausgelaufen ist, dann werden die Wesenheiten oder Monaden in diesen Rassen ebenfalls nach für sie geeigneteren Formen suchen und diese auch finden.

SAURIER

D: Die Dinosaurier halten in vielen wichtigen Merkmalen die Mitte zwischen gewissen Reptilien und gewissen Vögeln, z.B. Vögel wie Archaeopteryx aus der Sekundärzeit, welche einen langen Schwanz hatten wie die Eidechse.
L: Saurier stammen vom Menschen ab. Einige Saurierarten waren Säuger, andere Nicht-Säuger. *DAS BUCH DES LICHTS* lehrt, dass der damals riesige Mensch und die Saurier koexistent waren. Das beweisen auch Funde, welche von Dr. Zillmer gedeutet wurden. Dies sind riesige menschliche Fußspuren (Länge 45,61cm; Breite 20,32 cm), eben die Fußspuren von Riesen, die damals koexistent mit den Säugetieren waren. Weitere Funde werden folgen, die beweisen

a) die Koexistenz von Mensch und Dinosaurier und
b) die titanische Größe des frühen Menschen.

Man muss wissen, dass auch die riesigen Saurier eine androgyn-protoplasmische Phase der Geschlechtslosigkeit durchliefen, bevor sie sich dann vor etwa 50 Millionen Jahren in die Geschlechter teilten. Der schuppengepanzerte Pterodactylus z.B. oder der Megalosaurus und auch der hundert Fuß lange Iguanodon der späteren Periode, sie alle sind die Umbildungen der frühesten Repräsentanten des Tierreiches, zu finden in den Ablagerungen der Primär-Epoche. Diese riesigen Saurier waren einst fadenartige Infusorien ohne Schale oder Kruste, ohne Nerven, Muskeln, Organe oder Geschlecht und sie pflanzten sich asexuell fort durch KNOSPUNG etc. Und so war es auch beim Menschen. ANALOGIE ist das Gesetz der Natur. Die Form ist erst ätherisch und verdichtet sich dann langsam bis zur Struktur von heute. Man kann es gar nicht oft genug wiederholen: Im Anbeginn war jede Klasse und Familie der lebenden Arten hermaphroditisch und objektiv einäugig. Erst später entwickelten sich die beiden physikalischen Stirnaugen, sowohl beim Tier wie auch beim Menschen, dessen BEIDE Stirnaugen bis dahin unter einer undurchsichtigen Haut lagen, wie dies heute noch bei einigen blinden Wirbeltieren der Fall ist. Die Zirbeldrüse und deren Entwicklung erklärt dieses Phänomen. Beim frühen Menschen war das eine Auge ein Organ des GEISTIGEN Schauens, beim Tiere des physischen Schauens. Die Saurier starben vor etwa 25 Millionen Jahren aus. Klimawandel und Übergewicht (einfach lächerlich) waren jedoch nicht die Ursache. Es waren DIE WESENHEITEN in diesen Formen. Sie hatten genug gelernt und wechselten nun zu kleineren Formen bis hinunter zu den Echsen von heute.

SCHÄDEL

D: Es besteht eine enge Beziehung zwischen der Größe des Gehirns und der Entwicklung intellektueller Fähigkeiten. Schädel des neunzehnten Jahrhunderts (Pariser Gräber) waren größer als solche aus dem zwölften Jahrhundert. Zunahme von Größe nur ausschließlich im Stirnteil des Schädels - dem Sitz der intellektuellen Fähigleiten. Es muss jedoch zugegeben werden, dass einige Schädel von sehr hohem Alter sind, wie z.B. der berühmte Neandertalschädel sehr gut entwickelt und geräumig ist. Kleine Menschen neigen zu Rundschädeln, große Menschen zu Langschädeln. Große Menschen können mit den größeren Kaninchen verglichen werden, die sämtlich verlängerte Schädel haben oder dolichozephal sind.

L: Dieses Thema ist so komplex und detailliert, dass ich jetzt einfach mal kommentarlos die ESOTERISCHE Sicht der Dinge präsentiere. Ich zitiere aus meinem Buch *DER SINN DES LEBENS* Band II, Seite 554 – 555:

„Ein korrektes Wissen über Schädel ist der größte Feind der Theorie über „das fehlende Bindeglied“ zwischen Affen und Menschen. Warum das so ist, wird im Folgenden erklärt: Die Theorie, nach der man die intellektuelle Kapazität eines Menschen nach seinem Schädel- bzw. Gehirnvolumen bestimmen kann, ist unlogisch, ja absurd. Schädelvolumen aus der Steinzeitperiode, aber auch von den afrikanischen Rassen oder Buschmännern sind eher **höher** als niedriger, verglichen mit dem heutigen modernen Menschen. Beispiel: Schädelvolumen des Auvergnat Menschen: 1523 cm^3. Durchschnittliches Schädelvolumen des Franzosen von heute: 1437 cm^3. Das durchschnittliche Schädelvolumen des Franzosen von heute ist sogar kleiner als das der Polynesier, vieler Papuaer und Alfuras, was wiederum beweist, dass **Qualität** und nicht Quantität von Gehirn und Schädelvolumen über Intelligenz entscheidet. Aber auch das ist unerheblich als Maßstab für „gut“ oder „schlecht“, „hoch“ oder „niedrig“, denn die intelligentesten Menschen sind oft die bestialischsten.
Es folgt nun ein Vergleich des Breiten-Index verschiedener Schädel: Skandinavier = 75; Engländer = 76, Bresgauer = 80, Johann Christoph Friedrich von Schiller = 82, aber die Maduresen haben auch 82! Man vergleiche des Weiteren viele der ältesten bekannten Schädel mit dem heutigen und man wird wieder die erstaunliche Feststellung machen, dass die Kapazität der Schädel der Steinzeitperiode oft größer im Volumen ist als die durchschnittliche Schädelgröße der heutigen Menschheit, mit Ausnahme der folgenden Gehirnvolumen: Australopithecus afarensis = 400 cm^3, Australopithecus africanus = 400 cm^3, Auistralopithekus robustus = 500 cm^3, Homo habilis = 800 cm^3, Homo erectus = 950-1200 cm^3. Aber der Homo sapiens neanderthalensis hatte bereits 1400 cm^3!
Ich sage hier voraus, dass man in naher Zukunft menschliche Schädel finden wird, die **DREIMAL** so groß sind wie die Schädel der heutigen MENSCHHEIT: Diese RIESENSCHÄDEL werden von **atlantischen Menschen** sein, die vor über 3 Millionen Jahren lebten. Spätestens DANN wird mit Sicherheit die Affen-Menschen-Theorie der „modernen“ Wissenschaft wie ein zu heiß gebackender Apfelstrudel in sich zusammenfallen und so mancher „Anthropologe“ wird sich verschämt in die Ecke stellen und sich wünschen, er hätte nie gelehrt, dass der Mensch vom Affen abstammt.“

SCHIMPANSE

D: Die Haare der Schimpansen-Augenbrauen ähneln den Haaren der menschlichen Augenbrauen. Der sich beim Vorfahren des Menschen mehr und mehr

entwickelnde aufrechte Gang führte zu Veränderungen in ihrem Körperbau. Das Becken wurde breiter, das Rückgrat eigentümlich gebogen und der Kopf in einer veränderten Stellung fixiert. All diese Modifikationen fehlen beim Schimpansen, aber auch beim Orang Utan. Der Schimpanse baut Plattformen, auf denen er schläft, und er benutzt auch Wurfgeschosse.
L: All diese Tatsachen sind für mich eher ein Beweis dafür, dass der Affe vom MENSCHEN abstammt als umgekehrt.

SELEKTION
D: Durch Selektion erfolgt die Anpassung der Arten an die Lebensbedingungen.
L: Falsch. Anpassung a la Darwin gibt es nicht. Es ist NICHT die Umgebung, die die Arten veranlasst andere und neue Organe etc. zu entwickeln, um sich der Umgebung oder den Umständen anzupassen. Was geschieht ist einfach folgendes: DIE WESENHEIT entfaltet die in ihr in abstracto bereits enthaltene Eigenart, welche es ihr ermöglicht, in der jeweiligen Umgebung zu existieren. Doch die Umgebung veranlasst dies nicht. Es ist vielmehr DIE WESENHEIT SELBST, welche durch Karma etc. in dieser Umgebung erscheint und aufwächst, aber auch weil im Augeblick ihrer evolutionären Entwicklung eben diese spezielle Eigenschaft sich aus ihrem Inneren oder ihrer Essenz (Svabhava) entfaltet (wo diese Fähigkeit wie bereits erwähnt schon seit Ewigkeiten in abstracto schlummert).
Ein Beispiel: Nachttiere sind als solche NICHT Lebewesen, die sich dem Leben in der Dunkelheit ANGEPASST haben, sondern es sind Wesenheiten, deren augenblickliches Karma es ist, sich IM DUNKELN zu entwickeln. Dazu entfalten oder evolvieren sie aus ihrer Essenz eben jene dazu nötige Eigenschaft, welche dann die entsprechen Organe verursacht.
Die verschiedenen Lebensformen und Tierarten entstehen also nicht durch die oder wegen derAnpassung an Umstände oder Umgebung, sonst gäbe es ja in einer Umgebung von Wasser und Gras und Bäumen immer nur die selbe Art, weil die Umgebung ja die selbe ist. Und doch finden wir in ein und derselben Umgebung mit Wasser, Gras und Bäumen eine Vielfalt von verschiedenen Lebensformen.

SPRACHE
D: Die Sprache ist einer der Hauptunterschiede zwischen dem Menschen und den Tieren. Doch eine Affenart in Paraguay gibt in der Aufregung wenigstens

sechs verschiedene Laute von sich, welche bei anderen Affen ähnliche Erregungen veranlassen. Auch andere Tiere können ihre Gefühle durch Schreie verschiedenster Art ausdrücken. Domestizierte Hunde haben in wenigstens vier oder fünf verschiedenen Tönen bellen gelernt. Auch der Mensch benutzt wie die Tiere unartikulierte Ausrufe in Verbindung mit Gesten und Bewegungen seiner Gesichtsmuskeln, um seine Gedanken auszudrücken.

Der Ursprung der Sprache liegt in der Nachahmung und Modifikation verschiedener natürlicher Laute, der Stimmen anderer Tiere und der eigenen instinktiven Anrufe, unter Beihilfe von Zeichen und Gesten.

L: All dies (außer dem letzten Satz) und mehr ist Beweis für mich, dass der Affe bzw. ALLE Tiere vom Menschen abstammen. In Wirklichkeit entstand und entwickelte sich die Sprache folgendermaßen:

Die erste menschliche Rase war ätherisch-transparent und darum „sprachlos". Sie entbehrte des Gemütes auf unserer Ebene. Kommunikation: Durch Schwingung und mental. Erst die späteren, sich physisch verfestigenden Rassen entwickelten NACH der Teilung in die Geschlechter vor etwa 18 Millionen Jahren die Sprache. Es gab damals nur EINE Sprache. Diese eine Sprache entwickelte sich als

-einsilbige Sprache:

Es war dies eine von den gelbgesichtigen Menschen entwickelte Sprache, eine einsilbige Sprache, die vokalische Mutter der mit harten Konsonanten vermischten einsilbigen Sprachen, welche noch bei den gelben Rassen in Gebrauch sind. Die gelben Rassen von heute sind jedoch frühen atlantischen Ursprungs. Der Grund, weshalb die gelbgesichtige Rasse DAMALS nur einsilbig sprach war der, dass die WESENHEITEN dieser menschlichen Formen noch gänzlich auf höheren Ebenen weilten. Die Sprache konnte sich einfach nicht voll entwickeln, bevor diese Monaden sich mehr mit den Formen vereinten. Als die Monaden oder Wesenheiten sich mehr mit ihren Formen vereinten und sich dadurch die entsprechenden Gehirnzentren entwickelten, entwickelte sich die einsilbige Sprache zur

-agglutinativen Sprache,

welche von den atlantischen Rassen gesprochen wurde. Diese mischten sich mit ANDEREN Sprachzweigen und wurden zur „Rakshasi Bhasa". Die agglutinativen Sprachen, in ihrer primitiven Version noch bis heute von den primitiven Ureinwohnern Amerikas gesprochen, entwickelte sich zu den

-inflektionierten Sprachen,
welche die Wurzel des SANSKRIT wurden. Sanskrit ist eben nicht, wie so manche Philologen meinen, die ältere Schwester des Griechischen, sondern die MUTTER. Alle „semitischen"Sprachen sind darum auch phonetische Abzweigungen des frühen Sanskrit. Die Sprachen trennten sich dann weiter in

-arisch, semitisch und turanisch.
Die Semiten, vor allem die Araber, sind ja spätere Arier (freilich nicht die Arier, wie von den Nazis missverstanden). Zu diesen Ariern in der WAHREN Bedeutung des Wortes, nämlich WEISE, gehörten auch die Juden und die Araber. Die Juden waren eine Zweigrasse der indischen Tchandalas, von denen viele Zuflucht in Chaldea, in Scinde und Aria (Iran) suchten. Sie waren NICHT von brahmanischer Abstammung, waren also KEINE Brahmanen bzw. A-Brahmanen (was dann später in „Kinder von Abraham" abgewandelt wurde), denn „A" bedeutet „kein" oder „nicht". So erklärt sich der Name „Abraham" oder A-Braham bzw. A-Brahman oder „KEIN Brahmane". Das Hervorgehen der Juden aus NICHT-Brahmanen oder „Abraham" geschah etwa 7.000 v. Chr. Die Araber wiederum sind die Abkömminge jener Völker und Rassen, die während der Zersplitterung der Nationen in Rassen und Sprachen NICHT nach Indien emigrierten, sondern sich in den Grenzländern davon niederließen, also in Afghanistan und Kabul und entlang des Oxus, während andere tiefer in Arabien eindrangen und es teilweise eroberten.
So entwickelten sich die Sprachen, und bald wird es eine sprachliche „Rückentwicklung" über die antiken Sprachen zurück zum Sanskrit und dann wieder zur Gedankenübertragung als Kommunikation geben, weil auch die menschlichen Körper sich entsprechend ändern werden. OM.

STAMMBAUM des Menschen
D: Der Mensch stammt von einer tiefer stehenden Form ab, wenn auch Zwischenglieder bis jetzt noch nicht entdeckt sind.
L: Falsch. Und das Zwischenglied wird auch nie entdeckt werden, weil es gar nicht existiert. Ich sehe nun, dass es doch unumgänglich ist, etwas detaillierter auf den „Stammbaum" und die Entwicklung des Menschen einzugehen, damit der Leser ganz klar den Unterschied von der Darwinistischen zur meiner Lehre sieht. Die Vorfahren des Menschen waren Wesenheiten aus höchsten Sphären. Sie warfen Teile ihrer Astralkörper ab, in denen sich Wesenheiten manifestierten, die bereits auf anderen Globen durch die Entwicklung Mineral, Pflanze,

Tier gegangen und nun bereit waren, sich im Menschenreich AUF ERDEN zu manifestieren. Der erste Menschenstamm auf Erden wurde also vor einigen hundert Millionen von Jahren von hohen halbgöttlichen Wesen aus ihren eigenen Wesenheiten heraus projiziert. Kein Affe existierte damals. Dieselbe Kluft, welche sich heute zwischen dem Affen und Menschen findet, geht mit unverminderter Breite und Tiefe bis in die Tertiärzeit zurück. Doch weiter:
Da die Wesenheiten, von denen unsere Körper abstammen, nicht vollkommen waren und wir nur AURISCHE ABSONDERUNGEN ihrer eigenen Hüllen waren, so kann man die „Schöpfer" unserer Formen nicht vollkommen nennen und uns schon gar nicht. Diese Vorfahren des Menschen sind also die „Schöpfer" unserer Körper und niederen Prinzipien. Wir sind „Fleisch von ihrem Fleisch und Bein von ihrem Bein." Der Mensch ist aber eine Siebenheit und seine Monaden werden von verschiedenen Hierarchien bekleidet oder mit Körpern versehen und dies nicht nur auf der physischen, sondern auch auf der emotionalen, mentalen und seelischen Ebene. Sieben Klassen von solchen Schöpfern gibt es, und sie alle sind im *BUCH DES LICHTS* genannt. Wer hat denn die Monaden erschaffen? Niemand. Sie sind unerschaffen und zeitlos-ewig präexistent. Dies kann nur wirklich verstehen, der meine esoterischen Bücher liest. Doch weiter mit dem Stammbaum des Menschen. Der Mensch bzw. die astrale Form verdichtet sich mehr und mehr und wird schließlich zum zunächst geschlechtslos-androgynen Menschen, der sich dann teilt in die Geschlechter von heute. Während dieser astral-physischen Entwicklung sondert der Mensch astrale, aber später auch physische körpereigene Substanz ab, welche zum Nährboden für Monaden wird, deren Bestimmung es ist, sich im Tierreich zu entwickeln bzw. darin zu lernen. So wie die höheren Wesenheiten uns ihre Astralsubstanz gaben, welche sich zu unseren Körpern von heute verdichtete, so gaben wir unsere Astralsubstanz im Anbeginn (und auch später) dieser Erdperiode den Monaden, welche sich in Steinen, Pflanzen und Tieren manifestierten. Unser Planet Erde selbst besteht aus uns und aus diesen Wesenheiten bzw. deren Ablagerungen und auch aus den Ablagerungen derer Prä-Äonischen Urahnen, welche wiederum WIR MENSCHEN sind. Ein PLANETENENGEL, eine hohe Monadenhierarchie übernahm den Planeten Erde. Die Erde ist die Manifestation einer hohen Wesenheit und wird in Rotation und Funktion etc. von dieser Wesenheit und deren Scharen beherrscht und geleitet.

Ich sage es kühn heraus: Der Mensch vor 25 Millionen Jahren war eine gänzlich gleichartige Substanz mit einem strukturlosen Eiweißkörper im Innern und einer menschlichen Form nach außen. Lieber Leser, bitte bedenken Sie doch, dass der Mensch bereits in einer mittel-tertiären Periode gelebt hat und in einem geologischen Zeitalter, in dem noch nicht ein einziges Exemplar der jetzt bekannten Arten von Säugetieren existierte. Also: Der Mensch per se existiert seit vielen hundert Millionen von Jahren auf Erden, als diese noch ASTRAL war. Später verdichteten sich die Formen pari passu zu der Struktur von heute. Schon VOR dem astralen Menschen gab es jedoch astrale Steine, Pflanzen und Tiere. Die jedoch dienten nur dazu, dass die Wesenheit als solche sich entwickelte, um dann als ASTRALER MENSCH auf Erden zu erscheinen. DANN wurde dieser astrale Mensch bzw. seine zunächst astralen und später protoplasmischen Absonderungen zu den Urformen der Fauna und Flora von heute. Der Affe bzw. dessen Urahne erschien erst vor etwa 9 Millionen von Jahren auf Erden und hatte sogar eine eigene Sprache. Doch dies würde den Rahmen dieses Buches sprengen. Lesen Sie *DAS BUCH DES LICHTS.*

STEINWERKZEUGE

D: Die Urmenschen führten eine Teilung der Arbeit aus. Einige fabrizierten Steinwerkzeuge, andere Töpferwaren und so tauschte man sich aus für Jagdertrag etc. Es muss eine enorme Zeit verflossen sein, ehe der Urmensch daran dachte, abgesprungene Feuersteinstücke zu glatten Werkzeugen zu schleifen. Auch in jüngster Zeit haben einige Wilde Fortschritte in einfacheren Künsten gemacht, denn Waffen, Werkzeuge und Fertigkeiten, deren sich die Wilden bedienen, lassen keinen Zweifel darüber aufkommen, dass es sich fast ausnahmslos um selbständige Erfindungen handelt, abgesehen vielleicht von der Kunst des Feuermachens. Es heißt eine erbärmlich niedrige Auffassung von der menschlichen Natur haben, wenn man annimmt, dass die Menschen ursprünglich zivilisiert waren und Stufe um Stufe herabgesunken sind.
L: ABER GENAU SO WAR ES, LIEBER HERR DARWIN UND LIEBE DARWINISTEN!!! Es gab Zivilisationen auf Erden, gegen die unsere heutige Zivilisation Steinzeit ist. Doch diese Zivilisationen fielen wegen Machtmissbrauchs und aus anderen Gründen. Jetzt sind diese einst blühenden und HÖCHSTENTWICKELTEN Zivilisationen tief unter dem Meeresboden begraben; wer sie finden will, muss TAUCHEN oder aber in den Bergen graben, denn die Berge von heute sind die (damals bewohnten) Täler von einst.
So schreibt denn auch Prof. George Rawlinson, M.A., völlig zu Recht: „Die mythischen Überlieferungen nahezu aller Nationen setzen an den Anfang der menschlichen Geschichte eine Zeit des Glücks und der Vollkommenheit, ein

„goldenes Zeitalter", welches keine Züge von Wildheit oder Barbarei, aber viele Gesittung und Verfeinerung trägt." Doch nun zu den Steinwerkzeugen bzw. Werkzeugen per se.
Nehmen wir z.B. nur einmal das STEINBEIL. Will mir jemand allen Ernstes erzählen, dass der Mensch die angeblich Hundert Mal größeren und stärkeren Dinosaurier mit einem STEINBEIL erlegte??? Oder mit einem Speer? Haha. Der Schenkelknochen des Atlantosaurus immanis ist allein über sechs Fuß lang, was zu einer Gesamtlänge des Sauriers von etwa hundert Fuß und mehr führen würde. Man hat aber sogar Schenkelknochen von mehr als zwölf Fuß Länge gefunden. Es gab das riesige Megatherium, gewaltige fliegende Echsen, den Pterodaktylen mit Krokodilrachen wie ein Entenkopf. Wie sollte denn da der Mensch überlebt haben gegen eine solche Übermacht? Die Antwort darauf ist: Der Mensch existierte damals zusammen mit den Sauriern und war von etwa gleicher Größe:

Der Mensch existierte gleichzeitig mit den frühesten Säugetieren und bis zur Sekundärzeit zurückgehend. Warum hat man dann noch nie Knochen von Riesen gefunden? Man muss nur an der richtigen Stelle graben, außerdem gibt es

jede Menge zyklopische Ruinen und Kolossalbausteine als Zeugen der Riesen. Und noch einmal: Suche die Überreste deiner riesenhaften Vorfahren unter Wasser und an hohen Orten, denn was jetzt unter Wasser ist, waren einst hochzivilisierte Kontinente und was die heutigen Berge sind, waren die damaligen Täler....
All dies und mehr lehrt uns *DAS BUCH DES LICHTS.*

Doch zurück zu den WERKZEUGEN: Werkzeugfunde aus der Steinzeit gleichen zum Teil genau jenen, die unter heutigen Wilden im Gebrauch sind. Das heißt, dass Wilde eben Wilde sind, und so wie es Wilde UND Zivilisierte heute gibt, so gab es sie damals. Lieber Leser, gehen sie doch mal in eine Kolonialausstellung und sehen Sie sich dort die Sammlung von Steinkelten und Pfeilspitzen an, wie sie von den Buschmännern von Südafrika benutzt werden, und dann gehen Sie z.B. ins Britische Museum und sehen sie sich ähnliche Gegenstände aus Kent's Cavern oder aus den Höhlen der Dordogne an, und sie werden keinen wesentlichen Unterschied feststellen. Das Gleiche trifft zu für die sogenannten paläolithischen Beile. Seite an Seite mit den rohesten Formen der Steinbeile, wie sie tatsächlich von den australischen und anderen Wilden gebraucht werden, ist kein Unterschied zu erkennen. Die Wilden können's halt nicht besser, sie konnten es damals nicht besser und heute auch nicht. Es hat eben ZU ALLEN ZEITEN Wilde UND kultivierte Nationen Seite an Seite gegeben, die, wie heute auch mit jenen Wilden, gleichzeitig waren.

Etwas Derartiges sehen wir ja auch im Ägypten vor 7000 Jahren. Wenn der Mensch nicht älter wäre als die paläolithische Periode, dann hätte er gar nicht die Zeit gehabt, welche notwendig ist, um sich zum Menschen von damals, geschweige denn zu dem von heute zu entwickeln. Die Natur arbeitet nicht in Sprüngen. Wenn sich jemand von unten nach oben entwickelt hat, dann ist es der Affe. Der früheste bekannte Affe, der Lemur, war WENIGER „menschlich" als es die modernen pithekoiden Arten sind. Das steht keineswegs im Widerspruch zu meiner kühnen Behauptung, dass es Affenarten gab, die einst sogar eine eigene, DEM MENSCHEN NACHGEAHMTE Sprache besaßen. Man bedenke: Der neolithische Mensch war ein Kannibale, während der VIEL ÄLTERE paläolithische Mensch es nicht war. Man kann hier also nicht unbedingt, wie Darwin es immer meint, von einer Verbesserung der Entwicklung und Sitten mit der Zeit sprechen.

Mit den rohen Beilen der niedersten Wilden stoßen die Forscher zugleich auf Exemplare von derart künstlerisch wertvoller Bearbeitung, wie man sie kaum bei einem modernen europäischen Bauern finden oder erwarten könnte. Man betrachte sich nur das „Bildnis“ der „Rentierweide“ aus der Höhle bei Tayngen in der Schweiz:

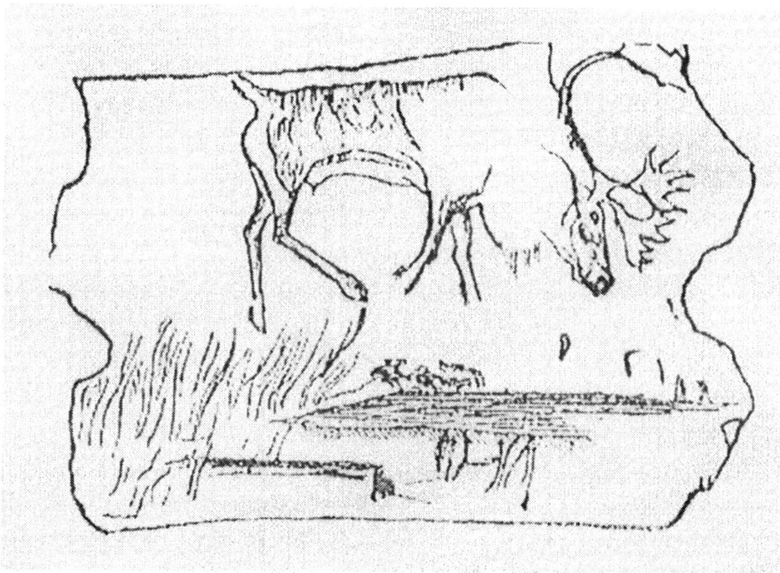

Es wurde von einem paläolithischen Menschen auf Geweih graviert. Die moderne Anthropologie will uns nun glauben machen, dass ein primitiver Wilder diese Gravur vollbracht hat. Versuchen Sie es einmal. Versuchen Sie das nachzumachen, sei es als Gravur oder auch nur als Zeichnung. Was ist dann? Sie werden doch wohl das zustande bringen, was sogar ein Urmensch konnte! Oder nicht? Ich gehe mit jedem jede Wette ein, dass die Mehrzahl der Leser diese Gravur nicht zustande bringt. Man setze jeden, der keine Grafik oder Zeichen studiert hat, an ein solches Werk und er wird versagen. Das war kein primitiver Wilder, der dieses Rentier eingravierte. Wer war es dann? Die Götter? Oder die Raumfahrer von Herrn von Däniken? Keineswegs. Gesunder Menschenverstand genügt vollauf, um diese Frage zu beantworten. Hoch und niedrig entwickelte Rassen lebten damals Seite an Seite, so wie es heute auch der Fall ist. Manchmal jedoch wurden hochentwickelte Kulturen und Rassen zerstört und

hinterließen ihre degenerierten Überbleibsel, von uns Steinzeitmensch, Urmensch, Neandertaler etc. genannt.
Die moderne Anthropologie lehrt uns, dass der neolithische Mensch weitaus primitiver als der **ältere** paläolithische Mensch ist. Der neolithische Mensch war ein Kannibale, der **ältere** paläolithische war es nicht. Und dennoch: Die Instrumente des neolithischen Menschen sind weitaus perfekter hergestellt und geformt als die Instrumente des älteren paläolithischen Menschen. **Und doch war der paläolithische Mensch in der Lage, ein solches Kunstwerk wie das eingravierte Rentier zu schaffen, obwohl er in primitiveren Behausungen lebte als der neolithische Mensch nach ihm.** Die Erklärung dafür ist unter anderem, dass der ältere paläolithische Mensch das Überbleibsel einer einst hohen atlantischen Kultur ist, die an ihrer eigenen Perversion zerbrach. Ich wiederhole: Hohe und niedrige Kulruren lebten zu allen Zeiten nebeneinander und viele dieser hochentwickelten Rassen lebten auf heute versunkenen Kontinenten, die jetzt tief unter dem Meeresboden ruhen, an Stellen, die in meinen Büchern *„DER SINN DES LEBENS*“ und dem *BUCH DES LICHTS* beschrieben werden. *DAS BUCH DES LICHTS* lehrt uns auch: Die Täler von heute waren einst Berge und die Berge von heute werden sich wieder in Täler verwandeln. Wer nach alten archaischen Kulturen suchen will, der folge dem Rat von Madame Blavatsky: „Suche nach den Überresten deiner Vorväter in hohen Gegenden und auf dem Meeresgrund. (Neuer Schock für unsere Schulwissenschaftler: Gerade wurde auf dem Meeresgrund vor der japanischen Insel Yonaguni eine ganze Pyramidenstadt gefunden, aus einer Zeit, in der es laut Schul-Archäologie Bauten dieser Art eigentlich noch gar nicht geben dürfte. Lanoo). Die Täler sind zu Bergen geworden und die Berge sind ins Meer versunken. Zwei Drittel der Menschheit (des Miozän; Lanoo) wurde zerstört nach der großen Katastrophe. Jene, die überlebten, siedelten sich nicht auf den neu aus dem Meere erhobenen Kontinenten an, sondern emigrierten von dem, was heute Europa ist und Teile von Asien und Afrika und zogen sich zurück auf die Gipfel der gigantischen Berge, deren untere Teile von den großen Wassern umspült wurden, die sich schließlich zurückzogen und die heutigen Ebenen von Mittelasien freigaben.“

TASMANIEN

D: Als Tasmanien kolonisiert wurde, veranschlagten einige die Zahl der Eingeborenen auf ungefähr 7000, andere auf 20.000. Bald war dieselbe bedeutend reduziert, hauptsächlich infolge ihrer Kämpfe mit den Engländern und unter-

einander. Bald gab es nur noch 120 Individuen. Diese wurden in 1832 nach Flinders Island, einer Insel zwischen Tasmanien und Australien, transportiert. Durch Mangel an Reproduktion starben sie langsam aus, da brachte man den Rest nach Tasmanien zurück, ohne Erfolg. 1864 lebte nur noch ein Mann und drei ältere Frauen. Hätte man sie sich selbst überlassen, DANN würden sie mehr Kinder erzeugt haben, und die Sterblichkeit wäre geringer gewesen.
L: Ich bezweifle das. Rassen sterben aus, wenn ihre MONADEN oder Wesenheiten in den Rassen dort keine neuen Erfahrungen sammeln können. Dann ziehen die Monaden sich zurück und suchen sich neue, höher entwickeltere Formen. DIES ist auch der wahre Grund für das Aussterben der Dinosaurier und nicht etwa ein „Meteorit". Doch zu TASMANIEN und jenen jetzt erloschenen TASMANIERN gibt es aus esoterischer Sicht noch einiges zu sagen. Sie waren die Abkömmlinge von halbtierischen Stämmen oder Rassen, sowohl von entferntem lemurischen als auch lemuro-atlantischen Ursprung. Darwin versuchte das Aussterben der Tasmanier durch Wechsel der Lebensweise, der Nahrungsbedingungen u.s.w. zu erklären, gab aber schließlich die Lösung des Geheimnisses auf. Ich sage: Kreuzung mit den damals einfallenden Europäern und Tasmaniern brachte Unfruchtbarkeit mit sich. DIES führte zum Aussterben der Tasmanier bzw. dazu, dass die MONADEN diese Körper nicht mehr benutzten und sich neue suchten. Warum soll denn so etwas Unfruchtbarkeit bringen? Waren die Tasmanier denn solche Monster? Waren sie nicht, aber ihre URURURUR-VORFAHREN waren es. Sie waren seelenlose Ungeheuer, Tiermenschen, SIE waren (unter anderem) die MÜTTER der heutigen Affen. MIT IHNEN hatte sich der primitive Mensch damals geschlechtlich vereint, DIES führte zum Urahnen des heutigen Affen. TASMANIEN ist das letzte Überbleibsel eines einst RIESIGEN lemurischen Kontinents, der nun unter den Fluten begraben liegt (darauf wartend sich wieder zu erheben). Dieser lemurische Kontinent erstreckte sich südlich von Asien von Indien bis Tasmanien. Dies war kein Scherz von Plato (obwohl dieser einen weitaus späteren Restbestand von Atlantis beschreibt), sondern es war und ist Realität. Nach der Zerstörung von Lemurien durch unterirdische Feuer nahmen die Menschen an Körpergröße stetig ab.
Tatsache ist auch: Der FOSSILE Mensch in Europa kann das hohe Alter des Menschen auf dieser Erde weder beweisen noch widerlegen, und ebenso auch nicht das Alter seiner frühesten Zivilisationen.
Lieber Leser, die Tasmanier sind jetzt völlig verschwunden, die australischen Eingeborenen, die Aborigines, werden auch bald aussterben und andere alten

Rassen werden folgen, um Platz für die neuen, besser geeigneten menschlichen Formen zu machen. Wenn eine reine Rasse sich mit einer Bastardrasse kreuzt, dann ist das Resultat früher oder später zum Aussterben verurteilt. Ich gebe ein direktes Beispiel. Wenn Europäer sich mit australischen Aborigines vermischen würden, dann würde das Ergebnis als RASSE nicht lange überleben – vielleicht hundert Jahre. Der Begriff „Bastard-Rasse“ oder „niedere Rasse“, wie auch verwendet von Anthropologen wie Dr. C. Carter Blake u.a., muss hier natürlich streng wissenschaftlich (und nicht rassistisch) gelesen und verstanden werden.

Der Mensch hat auch nicht, wie Darwin meint, das Feuer erfunden, indem er Steine aneinander schlug. Auch das Rad, die Mathematik, Geometrie, Physik, und andere Naturwissenschaften und Lehren sind keine Erfindung des Menschen. All dies wurde uns von hohen Wesenheiten gelehrt und dann zum Nutzen freigegeben.

TIERE

D: Der Mensch ist eine evolutionäre Entwicklung aus der Tierwelt.

L: Falsch. Um dies zu verstehen muss man wissen, was Tiere wirklich sind. Der Stein wird zur Pflanze, die Pflanze zum Tier und das Tier zum Menschen, der Mensch wird ein Gott. So lautet ein alter kabbalistischer Lehrsatz. Das stimmt auch. Doch damit wollen wir Darwin nicht etwa Recht geben, wenn er behauptet, dass der Mensch sich aus den Tieren entwickelt hätte. Was ich meine, ist die MONADE oder Wesenheit, welche durch Reflexion einen Teil ihrer selbst in die Naturreiche „blitzt“ und auf diese Weise viele Male im Stein, dann in der Pflanze, dann im Tier und schließlich im Menschen agiert. Wir als Monade oder Monaden waren also bereits im Mineral-, Pflanzen- und Tierreich und haben nun auf Erden das Menschenreich betreten, durch welches wir uns entwickeln. Die Naturreiche sind streng voneinander getrennt. JEDES ATOM ist eine Monade in Aktion. Was ist nun die Zukunft der Tiere hier auf Erden? Sie werden alle aussterben. Doch keine Sorge, die MONADEN, welche diese dann aussterbenden Tierformen inhabitierten, werden sich höhere Formen aussuchen und weiter in ihnen lernen. Wann und wo dies sein wird, enthüllt *DAS BUCH DES LICHTS.*

Alle Tiere stammen vom Menschen ab. Dies geschah aber nicht zu gleicher Zeit, sondern in Abständen von Millionen von Jahren. Vögel, Reptilien, Amphibien und Fische waren lange vor den Affen da und stammen ebenfalls vom

Menschen ab. Jene Tiere, die zuerst vom Menschen „abgestoßen“ wurden und die bis heute überlebten, zeigen die geringste Veränderung in Knochen- und Muskelstruktur, wohl aber in Größe. Die Methode der “Abstoßung“ des Tieres von menschlicher Substanz wird im Detail im *BUCH DES LICHTS* beschrieben.

Tiere haben noch kein sehr mentales Selbstbewusstsein, sondern die geistigen, intellektuellen und psychologischen Eigenschaften des Menschen schlummern noch latent im Tier. Dieses Erwachen wird auch zu den Tieren kommen, wird jedoch noch eine ganze Weile (bzw. noch einige hundert Millionen Jahre) dauern.

In einigen höheren Tieren wie den anthropoiden Affen beginnt sich höheres Bewusstsein zu regen. Die Monade „dringt durch“. Der Grund dafür ist, dass die Affen eine Ausnahme im evolutionären Prozess sind, da sie einen Tropfen menschlichen Blutes in sich haben. Mental sind diese Affen noch in einem wenig aktiven Zustand, doch die Monaden in diesen Arten werden die Affenkörper derart aktivieren und motivieren, dass der Affe bald ein mehr und mehr menschenähnliches Lebewesen sein wird.

Es fand ja eine Spezialisierung der Tiere statt, und zwar bereits vor einigen hundert Millionen von Jahren bis heute. Auch von dieser Vielfalt der Formen werden die Monaden sich bald trennen und neue einfachere Formen erfüllen, denn ich sage: Wenn der Geist stark ist oder stark auf die Form wirkt bzw. je eher die Form vom damaligen Menschen abgestoßen wurde, desto weniger strukturelle Veränderungen der Lebewesen gibt es.

Jedes der Tiere, die der Mensch vor vielen Millionen Jahren „abstieß“, entwickelte sich zu einer eigenen Art und folgte seiner eigenen, ganz individuellen Entwicklung. Auf diese Weise originierten alle Arten unter dem Menschen eben VOM Menschen. Diese Absonderungen des frühen Menschen entwickelten sich zu Tieren aller Art (aktiviert durch die jeweiligen Monaden). DIE SÄUGETIERE aber waren spätere Absonderungen des Menschen, und zwar im Mesozän-Zeitalter, aber auch im späteren Paleozän, als der Mensch sich von einem Astralwesen in ein halbastrales bzw. halbphysisch-protoplasmisches Wesen entwickelt hatte. Wenn ich jetzt die Begriffe Paläozän und Mesozän verwende, dann meine ich natürlich das Paläozän und Mesozän nach ESOTERISCHER Definition.

UNSTERBLICHKEIT DER SEELE

D: Wer an die Entwicklung des Menschen aus einer niederen Form glaubt, wird natürlich auch fragen, was das für den Glauben an die Unsterblichkeit der Seele bedeutet. Manche Personen fühlen sich bedrückt durch die Unmöglichkeit, zu bestimmen, auf welcher Stufe der individuellen Entwicklung von der ersten Spur eines winzigen Keimbläschens an der Mensch zu einem unsterblichen Wesen wird: Aber ebenso unmöglich ist eine solche Bestimmung bei der allmählich aufsteigenden organischen Stufenleiter.

L: Für einen esoterischen Wissenschaftler ist dies nicht unmöglich, sondern nur für jemanden, der nichts von MONADEN weiß oder von der Wesenheit an sich. DIE manifestiert sich immer und immer wieder in dem Keimbläschen etc. und lässt es wachsen. Zieht sich die Wesenheit zurück, stirbt der Mensch, ob er es will oder nicht.

Darwin schreibt: „Ich für meinen Teil möchte lieber von jenem heroischen kleinen Affen abstammen, der seinen schrecklichen Feind angriff, um das Leben seines Wärters zu retten, oder von jenem alten Pavian, der, von den Höhen herabsteigend, seinen jungen Kameraden im Triumph aus der Mitte einer Hundemeute hinwegtrug, als von einem Wilden, der sich an den Qualen seiner Feinde weidet, blutige Opfer darbringt, ohne Gewissensregung seine Kinder tötet, sein Weib als Sklavin behandelt, keine Anstand kennt und von dem grässlichsten Aberglauben gejagt wird."

L: Dazu sage ich nur: Das ist Wunschdenken. Lieber Herr Darwin, darf ich Ihnen mal vor Augen halten, wie wirklich BÖSE und PERVERS auch Affen sein können? So kriminell geht's im Dschungel zu: In San Jose foltern und ermorden Affen ihre Artgenossen! Kapuzineraffen sind weit blutrünstiger als Menschen. Die Biologin Susan Perry protokolliert: Zu fünft fallen die feigen Mörder über ihr wehrloses Opfer her. Sie rammen ihre Zähne in seinen Körper. Und jetzt reißen sie Fleischfetzen aus seinem Körper. Blut tränkt den Waldboden von Costa Rica. Die Täter: niedliche Kapuzineräffchen...".

Joseph Manson vom Leipziger Max Planck Institut für evolutionäre Anthropologie sagt: „Ihre (der Affen) Mordrate liegt zehnmal höher als beim Menschen."

Wie steht es nun mit den Orang-Utans? Nun, Orang-Utan-Männchen sind ganz üble Sexverbrecher. Die Weibchen wehren sich heftig gegen die Sexattacken, aber sie sind chancenlos. Im Dschungel kommt es zu regelrechten Vergewaltigungen."

Nur durch den „Fall“ lernt man. Der Fall des Menschen aus reinen Höhen sowie das Kosten von der „verbotenen Frucht“ sind BEDINGUNGEN für eine höher führende Entwicklung, Leben für Leben, bis man seine Lektion gelernt hat.

URSPRUNG DES LEBENS

D: Zu untersuchen, wie die geistigen Fähigkeiten in den niedersten Organismen entstanden sind, ist ein ebenso aussichtsloses Beginnen wie die Forschung nach dem Ursprung alles Lebens.

L: Eben deshalb ist Darwin auch nicht weitergekommen, weil er das esoterische Wissen nicht besaß. Der Ursprung allen Lebens ist NIRVANA. Das ist die Wiege im Zentrum allen Seins, aus dem die UNERSCHAFFENEN, ZEITLOS EWIG-EXISTIERENDEN WESENHEITEN samt Urmaterie immer und immer wieder ins Dasein explodieren, getrieben von Verlangen nach LEBEN, nach Bewusstsein etc. Auf ihrer Wanderung von und nach NIRVANA, dem Zentralpunkt allen Seins, durchwandern die Wesenheiten alle Naturreiche, sichtbar und (uns) unsichtbar. Auch WIR (als Wesenheit) waren bereits Stein, Pflanze und Tier, doch all dies auf einem ANDEREN Planeten, DANN manifestierten wir als MENSCHEN auf Erden. WIR waren die ersten hier, UNSERE Absonderung als astrale und später physisch feste Rasse wurde zu den Mineralien, Pflanzen und Tieren von heute. Da mag lachen wer will, irgendwann einmal wird auch er sich diesem Gesetz und Wissen beugen müssen. Davon abgesehen, ich schreibe meine Bücher nicht so sehr für die Gegenwart, sondern für die Zukunft.

DAS BUCH DES LCHTS lehrt uns, dass, wie bereits erwähnt, im Kern ALLES unerschaffen zeitlos-ewig existent ist und alle Wesenheiten, gehüllt in die (ebenfalls prä-existente) Urmaterie, nach einer siebenfältigen kosmischen Ruhepause wieder zum Leben erwachen, GETRIEBEN von Verlangen nach bewusster Existenz. DER RAUM ist immer da, egal ob das Universum durch An- oder Abwesenheit glänzt. Dieser Raum ist dimensionslos. Man bedenke: Würde man alle Atome des Universums OHNE ZWISCHENRAUM auf einen Punkt zusammenpressen, so würde das nicht mehr als eine tennisballgroße Struktur ergeben, ein sogenanntes „Uratom“. Genau dies aber - nämlich ein periodisches Zusammenschrumpfen des gesamten Universums auf Tennisballgröße und weniger - geschieht, wenn alle Monaden oder Wesenheiten sich zurückziehen in NIRVANA. Dann gibt es wieder 3 Realitäten: 1. NIRVANA, 2. Urmaterie und 3. alle Wesenheiten. Wenn alle Wesenheiten NIRVANA wieder

verlassen, dann explodiert die auf Tennisballgröße gepresste Urmaterie von innen nach außen und das kosmische Drama beginnt von Neuem. Dimension wird also erst erzeugt durch die in den Raum explodierenden Wesenheiten, die sich dann in die Urmaterie hüllen und die Reise von vergangenen Manifestationen wieder aufnehmen sowie auch in entsprechenden Formen, erst abstrakt geistig (sehr weit voneinander entfernte Atome), sich dann immer mehr verdichtend. DANN erlebt man es als Materie, wie wir es jetzt mit unseren beschränkten Sinnen tun. Die Wesenheiten vom höchsten Gott bis zur niedrigsten Lebensform verlassen dann NIRVANA, den Zentralpunkt und URGRUND allen Seins, aufs Neue. Kein außerkosmischer Schöpfer steht daneben und veranlasst dies. Einen perverseren Schöpfer könnte man sich ja gar nicht vorstellen.
Am Ende einer Weltenperiode wird alles wieder disintegriert in seine Bestandteile, bis auf para-geistiger Ebene nur noch die Wesenheiten und die Urmaterie übrigbleiben. Vor der jetzigen physischen Entwicklung findet zunächst eine astral-feinstoffliche (weit voneinander entfernte Teilchen) statt. Keines von den heutigen Elementen war damals so, doch die Teilchen, aus denen das Element besteht, sind immer dieselben. Wer die esoterischen Symbole versteht, der versteht auch den Ursprung des Lebens, wie er im Ei-Symbol verborgen ist. Doch dieses Ei war kein wirkliches, sondern ist abstrakt, und wenn manifestiert, DANN nimmt das gesamte Universum mit allem darin (Planeten und Sonnen etc.) eben deshalb diese Ei-artige Struktur an. DIESES Ei haben die Weisen unter den Griechen, Phoeniziern, Römern, den Japanern und den Siamesen, den nord- und südamerikanischen Stämmen verehrt. Kein wirkliches Vogel- oder Hühnerei war natürlich damit gemeint. So muss man Ostern verstehen.

Wie steht es nun mit dem Ursprung des Menschen?
Der Ursprung des Menschen kommt aus einem Typus, der HÖHER ist als er selbst, und dies ist - wie bereits erwähnt - der „Himmlische Mensch“, die sogenannten Dhyan Chohans oder auch Pitris. Diese geistig-astrale Hierarchie ist unser Ursprung, wir sind ihre „Absonderungen“, durch WILLEN verursacht. Alle Formen, welche jetzt die Erde bevölkern, sind ebenso viele Variationen von Grundtypen, die DER MENSCH vor hunderten Millionen von Jahren abgestoßen hat. Diese Grundtypen waren gering in der Zahl, im Vergleich mit der Vielheit der Organismen, die sie schießlich entstehen ließen. Doch EINHEIT des Typus besteht nach wie vor. Ein Blatt ist ein Blatt, egal von welchem

Baum, es hat mehr oder weniger dieselben strukturellen Gegebenheiten, ein Pferd bringt nur ein Pferd hervor und keine Gans, etc. EINFACHHEIT, EFFEKTIVITIÄT UND ANALOGIE sind die Eigenschaften der Natur. DER MENSCHLICHE Typus ist die Fundgrube aller potenziellen organischen Formen, ER ist der Zentralpunkt, von dem sie alle ausstrahlen. Die „Ursprüngliche Existenz" ist also eine BEWUSSTE GEISTIGE QUALITÄT. Sie wird erst objektive Subjektivität in den geoffenbarten Welten. Dann aber ist sie – vor allem für den Seher – wie das dünne Gewebe von einem göttlichen Atom. ASTRAL transparent wäre im Vergleich dazu wie eine Stahlplatte zu Seide. Es ist eine SUBSTANZ, doch nur für den GEISTIGEN Seher. Der Mensch in seiner Unwissenheit nennt es Gott-Geist. Aber der URSPRUNG dieser Substanz muss AUF IMMER unerkennbar bleiben, denn durch ERKENNEN kann man die Quelle nicht finden, so wie das Auge sich selbst ja auch nicht sehen kann, sondern nur das, was es nicht ist. Lesen Sie bitte *DER SINN DES LEBENS - NIRVANA,* dann wissen Sie, was ich meine. Das offenbarte Leben ist ein WIDERSCHEIN des Absoluten...

Lieber Leser, die Darwinistischen sowie die biblischen Berichte über den Ursprung des Lebens sind per se unzutreffend. Das Leben hat - wie sogar die Wissenschaft zeigt - nicht immer auf dieser irdischen Ebene geherrscht.

URSPRUNG DER ARTEN UNTER DEM MENSCHEN

Obwohl man den Körper des Menschen dem Tierreich zuschreiben kann, so bedeutet dies doch nicht, dass der Mensch von den Tieren abstammt, sondern einfach dass DIE TIERE und sogar die Arten darunter, ursprünglich dem Menschen selbst entstammten, und zwar Äonen zurück in der Entwicklungsgeschichte auf Erden. DER MENSCH ist die primitivste, im Sinne von älteste, aller Arten, und daher die am höchsten entwickelte. Der Mensch bzw. die menschliche MONADE war in der Lage, die inneren Vehikel, die inneren Organe zu entwickeln, welche es ihm ermöglichten, seine inneren Eigenschaften und auch geistigen Fähigkeiten nach außen zu bringen. Im Tier (bzw. in der Monade, die im entsprechenden Teil bzw. der entsprechenden Form des Tierreiches sich manifestiert) liegen diese Fähigkeiten noch latent oder bereits aktiv, wie es individuell der Fall sein mag. Die Tiere haben die gleichen Möglichkeiten des Wachstums und der inneren Entwicklung, doch sie haben die dazu nötigen inneren ORGANE noch nicht entwickelt. Es ist wegen des INNEREN Menschen, dass man ihm ein eigenes Reich, das Menschenreich, zuschreiben kann. Als KÖRPER jedoch gehört der Mensch zum Tierreich, welches VON IHM stammt.

Wem dies alles noch zu esoterisch war, dem werde ich nun WISSENSCHAFTLICHE BEWEISE dafür vorlegen, dass DER MENSCH das älteste aller Wesen ist, am längsten auf dieser Erde weilt. Alle anderen Lebensformen kamen NACH dem Menschen. Alsdann:
Ich habe verschiedene biologische Arbeiten studiert, interessante skelettale und muskuläre Strukturen, den Körper des Menschen betreffend. Diese Strukturen und Körpereigenschaften deuten ganz klar darauf hin, dass DER MENSCH das älteste Wesen auf Erden ist.

Wenden wir uns als erstes dem menschlichen Schädel zu. Die Knochen des menschlichen Schädels sind an der Schädelbasis und an den Seiten in einer Weise angeordnet, die charakteristisch ist für DIE PRIMITIVEN Säugetierformen. Zugleich ist die Anordnung dieser menschlichen Schädelknochen völlig verschieden von denen in den anthropoiden Affen und den Monkeys. Der menschliche Schädel gleicht mehr den LEMUREN-Schädeln. Die Lemuren sind eine Gruppe von primitiven Säugetieren, welche ÄLTER sind als die Monkeys, so sagt auch Darwin. Nun denn: Die Schlussfolgerung, die man von einer solchen anatomischen Tatsache doch stellen muss, ist die, dass, wenn die Affen- und Monkey-Schädelknochen anders angeordnet sind als die Schädelknochen des Menschen, dessen Schädelstruktur eigentlich sehr PRIMITIV ist, dass darum die anthropoiden und Simianen eine ANDERE Entwicklung, HINWEG von der primitiven Säugetierbasis erfahren haben. Damit haben sie sich auch weiter VOM MENSCHEN HINWEG entwickelt, der ja viel mehr in seiner Schädelstruktur mit den LEMUREN gemein hat, die wiederum älter sind als die Affen. Es muss doch klar sein, lieber Leser, dass die PRIMITIVERE Struktur die ältere ist, oder? Sogar DARWIN würde da zustimmen. Doch weiter.
Nun zu den NASENKNOCHEN des Menschen. Die sind sehr einfach und primitiv, viel primitiver als z.B. bei den Monkeys oder Anthropoiden, meinetwegen auch bei den Elefanten etc. etc. All diese Tiere haben eine viel größere FÄHIGKEIT, die Nasenfunktion betreffend. Sie riechen besser und mehr mit ihren Nasen, oft auch auf Meilen Distanz, und ihre Nasen sind oft WEITAUS BEWEGLICHER als die des Menschen. Diese Tiernasen haben sich viel weiter weg entfernt von der primitiven Art, die der Mensch vertritt, darum sind sie

ja auch jünger und der Mensch ist älter wie sie. Wer nun einwenden mag, dass er Mensch deshalb diese weniger funktionierenden Strukturen hat, weil die Tiere viel mehr Zeit hatten, sich zu entwickeln in dieser Weise, dem kann man entgegnen, warum die Tiere dann nicht schon längst schlauer als die Menschen sind und viele dieser Tiere statt dessen noch auf den Bäumen wohnen. Sie hatten doch alle Zeit der Welt ihr GEHIRN zu entwickeln, wenn sie älter sind als der Mensch. Wenn der Mensch vom Affen abstammt, was macht der Affe dann noch hier? Der Affe dürfte dann, wenn man Darwin folgt, schon gar nicht mehr da sein. Doch man lese weiter:
Professor Wood Jones schreibt in *„The Problem of Mans Ancestry"*:
„Die Struktur der Rückwand der Augenhöhle, die Form des Jugularis-Knochens, ...die Zähne usw. erzählen alle die gleiche Geschichte – dass der menschliche Schädel auf bemerkenswert einfachen Lienien aufgebaut ist, die in mancher Hinsicht bei allen Monkeys und Affen verloren gegangen sind."
Der Professor fährt dann fort: „Das menschliche Skelett, vor allem in seinen Variationen, zeigt genau den gleichen Zustand primitiver säugetierischer Einfachheit." Und: „Was die Muskeln anbelangt, so unterscheidet sich der Mensch dadurch, dass er eine primitive Muskelstruktur behalten hat, welche beim Rest der Primaten verlorengegangen ist."

Nun ist ja Primat ein wissenschaftlicher Begriff, welcher alle höheren Tiere, den Menschen, die Affen und die Monkeys eingeschlossen, betrifft. Die primitiven menschlichen Muskelstrukturen des Schädels, Skeletts und der Muskeln beweisen ganz klar, dass der Mensch so gesehen einen sehr PRIMITIVEN, also ALTEN Körper hat. Er hat NICHT dieselben Variationen der Affen und Monkeys. Ich verweise auf den Pectoralis-minor-Muskel. Das ist ein Muskel, der von den Rippen zum Arm läuft; also über den Coracoideus des Schulterblattes zum Humerus verläuft, welches der Knochen des Oberarmes ist. Bei den Monkeys dagegen ist der Pectoralis-minor-Muskel einerseits mit dem selben Ligament, jedoch weiter unten, verbunden, andererseits aber auch mit dem Humerus. Die Darwinisten wollen ja die Evolution des Menschen aus den niederen Tieren dahingehend beweisen, dass sie DIE KÖRPER dieser Tiere untersuchen und deren Strukturen analysieren. Ich gebe ein Beispiel: Man sucht Gemeinsamkeiten in Skelett und Muskular-Struktur ERST bei den Affen, dann bei den Monkeys, dann bei den Lemuren, dann bei den Vierfüßlern. Wenn man dann Gemeinsamkeiten findet, kommt man vorschnell zu dem Schluss, dass diese Tiere einen Teil der evolutionären Entwicklung hin zum

Menschen bildet, weil man eben von einer falschen Prämisse ausgeht. Ich aber sage, dass man so denkend, das Pferd von hinten aufzäumt. Die Darwinisten selber behaupten, dass die niedersten Formen die primitivsten sein müssen und damit der URSPRUNG der höheren Formen. Damit haben sie aber genau das bewiesen oder gesagt, was sie BESTREITEN, nämlich dass DER MENSCH der Ursprung aller Lebensformen ist, denn DER MENSCH hat die primitivste Struktur von ihnen allen und es ist jene Struktur, die sich skelettal und muskulär am WENIGSTEN entwickelt hat, wenn man vom Schrumpfen der einst titanischen Größe zur heutigen Größe absieht. Dies zu beweisen fahre ich nun fort: Ich habe am Beispiel des Pectoralis minor dargestellt, dass der Processus coracoideus die PRIMITVSTE Verbindung dieses Muskels ist und dass der Mensch und einige andere PRIMITIVE Tiere bis heute diese PRIMITIVE Struktur besitzen. Nun könnten die Darwinisten wiederum einwenden, dass dieser besagte Muskel in seiner Entwicklung bei den Affen etc. vom Humerus hochgeklettert und entlang des Ligaments gewachsen wäre und endlich der Coracoid-Verlauf in seiner höchsten Form IM MENSCHEN stattfand. Doch die anatomischen Untersuchungen zeigen genau das Gegenteil davon.

Nehmen wir doch einmal die menschliche Zunge. Sie ist SEHR PRIMITIV im Typus. Die meisten Tiere haben zum Beispiel eine viel beweglichere Zunge. Die Zunge des Schimpansen ähnelt der des Menschen. Das ist unter anderem auch deshalb so, weil der Schimpanse oder die Ahnen des Schimpansen NÄHER zu ihrer Quelle, dem Menschen, liegen. Wie steht es denn mit dem menschlichen Wurmfortsatz, kurz Blinddarm genannt? Auch hier sehen wir, wie dieser Blinddarm in Struktur und Form mehr dem der Beuteltiere Australiens gleicht als dem Blinddarm bei Affen und Monkeys. Das ist so, weil die Urahnen der Beuteltiere LANGE VOR den Affen vom Menschen abstammen. Sie sind älter und von daher gesehen näher am Menschen.

DIE GROSSEN ARTERIEN im Menschen steigen vom Bogen der Aorta in gleicher Zahl, Anordnung und Weise wie im Ornithohynchus anatinus, einem Entenschwanz behafteten Tier. Es ist das niederste der bekannten Säugetiere und lebt in Australien und Tasmanien. Es ist aber immer noch ein Säugetier, denn es hat Brustdrüsen, aber ohne Brustwarzen; und doch legt es Eier. Es ist ein sehr altes und primitives Säugetier und entstammte dem Menschen viel früher als die uns bekannten Säugetiere. Seine Arterienstruktur gleicht mehr der des Menschen (der ja auch der Ursprung dieser Struktur ist) als der des Affen, bei denen die arterielle Anordnung eine andere und verschiedene ist.

Wenden wir uns nun der menschlichen Prämaxilla zu, das ist der Knochen, der die Schneidezähne trägt bzw. an dem sie befestigt sind. Tasten sie mal bei sich, indem Sie von vorn mit zwei Fingern auf die Oberlippe greifen. Da werden Sie feststellen, dass dieser Knochen NICHT als separates Teil im Oberkiefer existiert. Doch bei allen Affen und Monkeys und bei allen anderen Säugetieren ist dies sehr wohl der Fall, wie man durch die sich im Gesicht abzeichnenden Linien sehen kann, die die Verbindung mit dem Oberkieferknochen markieren. Da nun die Prämaxilla beim Menschen KEIN separates Element ist, darf man sie getrost als SPEZIFISCH MENSCHLICH bezeichnen. Nun entwickelt sich dieser Knochen bereits in einem der frühesten Stadien der menschlichen embryonalen Entwicklung im Uterus. Lieber Leser, nun gibt es ja das biogenetische Gesetz der embryonalen Rekapitulation, welches das embryonale Wachstum kontrolliert. Wenn die Prämaxilla sich so früh abzeichnet, dann bedeutet dies auch, dass diese Art der Prämaxilla oder des Oberkiefers eine spezifisch menschliche Struktur und ein Charakteristikum in EINEM SEHR FRÜHEN Stadium der menschlichen Evolution war und ist. Dies wiederum beweist, dass der Mensch SEHR ALT ist, viel älter als alle anderen Arten. Denn: Das Gesetz der embryonalen Rekapitulation besagt, dass der Embryo in seinen Wachstumsphasen durch die verschiedenen Entwicklungsstadien geht, die das Lebewesen in vergangenen biologischen Epochen durchlief. Mit anderen Worten, es ist dies ein Crash-Kurs oder ein „Sich-selbst-bewusst-machen“ des Lebewesens, vergangene Epochen seiner Evolution betreffend. Je früher ein spezieller Charakter im Embryo erscheint, desto weiter ZURÜCK in der Zeit muss man - diesem Gesetz folgend - gehen. Jene Charakteristika, welche SPÄTER im Embryo erscheinen, sind auch jene, welche später in der Evolution der biologischen Art, zu der das Embryo gehört, erschienen.

Dass der Mensch zunächst, vor vielen Millionen Jahren, geschlechtslos war, lässt sich – wiederum dem Gesetz der embryonalen Rekapitulation folgend – auch leicht dadurch nachweisen, dass der Mensch im embryonalen Zustand 6-8 Wochen nach der Empfängnis zunächst ebenfalls geschlechtslos ist. Auch hier sehen wir, wie das menschliche Embryo in utero alle Phasen seiner menschlichen Gesamtentwicklung sozugagen im Zeitraffer von neun Monaten durchläuft.

Man sagt auch, dass das Embryo in seinem Wachstum auch zuerst die großen Umrisse seiner Art entwickelt, dann die detallierteren Charakteristika und Umrisse, also der Familie, dann des Genus und dann erst die der speziellen Art, zu der es gehört. Die Charakteristika der Spezies kommen immer zuletzt. Wenn dem so ist, dann weist also das Charakteristikum und der Umriss, der früh im Embryo erscheint, auf die evolutionäre Geschichte und Art des Embryos bzw. der Art, zu der es gehörte, es verrät aber auch die Reihenfolge seines Erscheinens, und da liegt der Mensch immer vorn, als jemand, der ZUERST erschien auf Erden. Wie das menschliche Embryo heute, so war der AUSGEWACHSENE MENSCH auch vor hundert Millionen Jahren, nämlich eine nahezu durchsichtige gallertartige Struktur mit noch nicht voll entwickelten inneren Organen, nur etwas größer, nämlich über 30 Meter groß.

Der menschliche Fuß ist ein anderer Beweis dafür, dass DER MENSCH zuerst auf Erden war. Sehen sie sich doch mal den „Fuss" an. Den könnte man eher HAND nennen. Der Daumen verrät es. Des Affen Fuß ist nahezu wie eine menschliche Hand (s.S. 40). Die Affen sollte man QUATRUMENA oder Vierhänder statt Quadrupeds oder Vierfüßler nennen. Nun sehe man sich mal die Hand eines Gorilla an. Da ist der Daumen nur ein Stumpen, verglichen mit dem menschlichen Daumen. Ein Affe hat Schwierigkeiten, eine Nadel oder etwas sehr Winziges aufzugreifen, der Mensch nicht. Im Laufe seiner angeblich längeren Evolution und Erfahrung hätte der Affe dies doch längst VOR dem Menschen erlernen können, denn in der Natur gibt es ja Dinge und Gegenstände JEGLICHER Größe, von riesig bis hinunter zu winzig. Es ist des Menschen PRIMITIVER und beweglicher Daumen, der dies möglich macht. Der Mensch hatte länger Zeit, einen solchen zu entwickeln. Der Affe jedoch, als Bastard des Menschen, kann dies nicht. Schauen Sie auf ihre Hand, dann werden Sie sehen, dass der dritte Finger der längste von den Fünf ist. So ist es auch bei Hand und Fuß des Affen und des Monkey.
Soweit so gut. Aber der Fuß des Menschen ist EINZIGARTIG. Kein anderes Lebewesen in der Natur hat einen FUSS mit den Charakteristika, wie sie der Fuß des Menschen besitzt. Der menschliche Fuß ist so arrangiert, dass der große Zeh der längste der fünf Einheiten ist, wobei die anderen sukzessiv in Größe abnehmen. Nun gibt es auch Schlaumeier, die behaupten, dass diese Anordnung so ist, weil und seit der Mensch Schuhe trägt, aber solche Behauptungen auch von einigen Darwinisten, sehe ich nur als verzweifelten Versuch, abzulenken von der GROSSEN UNTERSCHIEDLICHKET des menschlichen Fußes

von dem der Affen und Monkeys bzw. deren angeblichen Vorfahren. Würde der Mensch vom frühen Affen abstammen, dann müsste er dessen spezielle Konfigurationen und Strukturen haben, auch was die Füße betrifft. Hat er aber nicht. Generell besteht kein Unterschied zwischen dem Fuß eines menschlichen Babys, eines Erwachsenen oder eines Wilden. Die Affen und Monkeys haben den DRITTEN Zeh als am längsten herausragend, nicht so der Mensch. Warum ich so den Fuß betone? Nur Geduld. Sehen wir uns noch einmal das menschliche Embryo an. IN UTERO kann man bereits SEHR FRÜH den speziellen Charakter des MENSCHLICHEN Fußes erkennen. Also muss, nach Darwin, der menschliche Fuß SEHR FRÜH in der Evolution der menschlichen Art erschienen sein. ZU KEINER ZEIT aber ist der menschliche Fuß dem eines Affen gleichzusetzen. Es ist dies eine spezifisch MENSCHLICHE Form, die sehr früh in der Geschichte der Menschheit erlangt worden sein muss. Dies schließt einen Affen-Ursprung aus, denn dann müsste ja zumindest in der embryonalen Entwicklung des Menschen eine affenähnliche Fuß-Struktur zu erkennen sein. Dem ist aber nicht so.

Übrigens: Darwin hatte schon Recht, wenn er behauptete, dass unter Einfluss biologischer Kräfte, welche beobachtet und gemessen werden können, der Mensch aufwuchs von oder aus einem Platz zusammen mit anthropoiden Affen. Nur hat er da anders Recht, als er es wohl haben möchte.

Doch nun präsentiere ich eines der wichtigsten wissenschaftlichen Argumente GEGEN Darwin und beweise auch damit, dass der Mensch immer AUFRECHT ging, den aufrechten Gang VOR dem Affen hatte, und dass er darum ÄLTER ist als alle Affen und deren Ahnen.

Ich meine den Peroneus Tertius-Muskel. Das ist der dritte peroneale Muskel des Beines, welcher hinunter führt in den fünften Metatarsus des Fußes, an dem die Achillessehne ansetzt. Es ist dies ein sehr wichtiger Muskel, weil er den AUFRECHTEN GANG ermöglicht. Dieser Muskel ist bei KEINEM anderen Tier zu finden, schon gar nicht bei Affen oder Monkeys. Dieser für den aufrechten Gang so wichtige Muskel erscheint bereits IN UTERO und sehr früh. Keine andere (vielleicht affenartige) Muskelstruktur zeichnet sich da ab, sondern nur diese spezifische, den aufrechten Gang ermöglichende. Daraus kann man schließen, dass der Mensch SCHON FRÜH in seiner Entwicklung bereits aufrecht ging. Es gibt also keinen Menschen in Miozän- oder Pliozän-Epochen, der wie ein Affe herumkroch und dann plötzlich den aufrechten Gang erlernte. Kein derartiges „Bindeglied“ wurde und wird je gefunden. Solche Vermutungen sind rein spekulativ und dienen dazu, verzweifelt an der Affen-Ahnen-

Theorie festzuhalten. Was den lieben Darwinisten übrig bleibt ist nur, die Entstehungsgeschichte des Menschen weiter und weiter zurückzusetzen, denn man findet ja menschliche Knochen aus Epochen, in denen man bisher nur den Affen bzw. seine Ahnen vermutete. Lieber Leser, wenn also der menschliche Fuß und dieser bestimmte „Aufrechtgang"-Muskel des Menschenbeins beide sehr alt sind in ihrer evolutionären Entwicklung und SPEZIELL MENSCHLICH, dann ist schon die Vermutung erlaubt, JA GEFORDERT, dass der Mensch von Anfang an ein AUFRECHT gehendes Wesen war. Dann kann er gar nicht von einem auf allen Vieren gehenden Lebenswesen abstammen.

Professor Wood Jones, ein anerkannter Anthropologe, sagt ja selbst, dass die menschliche Hand und der menschliche Fuß SEHR PRIMITIV sind in ihrer Anordnung und Struktur, die Muskeln und Knochen etc. betreffend, darum kann es gar nicht sein, dass diese Strukturen SPÄT in der menschlichen Entwicklung entstanden sind. Die nächste Folgerung wäre dann die: Wenn die Dinosaurier uralt sind, älter als alle Affen, wie kommt es dann, dass eben diese Saurier und Reptilien aus dem Mesozän und Sekundäralter FAST DIE SELBEN Strukturen ihrer obwohl GIGANTISCHEN Hände oder Vorderläufe haben wie der Mensch bzw. seine Hände? Gehen sie ins Museum oder kaufen Sie sich ein entsprechendes Buch. Sehen sie sich mal die Vorderläufe eines Sauriers an. Da besteht frappierende Ähnlichkeit zur menschlichen Hand, aber auch zum Vorderarm. Der Grund dafür ist folgender: Die Saurier waren bereits SEHR NAHE dem Erscheinungszeitpunkt des Menschen auf Erden. Auch die Saurier stammen natürlich VOM MENSCHEN ab. Die Affen kamen viel später. Sie tragen zwar einen Tropfen Menschenblut in sich (und einen Tropfen Tierblut), aber der Mensch hat nicht EINEN Tropfen Affenblut in sich. Darwinisten behaupten, dass die Linie der evolutionären Entwicklung und der Ursprung des Menschen ZURÜCK verfolgt werden muss auf die frühen Affen und die vierfüßigen Säugetiere. Wenn dem aber so wäre, dann müsste der Mensch noch heute Spuren dieser Entwicklung in seinem Unterarm und der Hand aufweisen. Dem ist aber nicht so. Der Mensch müsste immer noch Rückstände oder Spuren aufweisen dafür, dass er in grauer Vorzeit seinen Arm oder seine Hand in dieser Weise (wie es die Tiere und/oder Affen taten), benutzt hatte, weil er ja angeblich von ihnen abstammen soll. Also war das nie der Fall, der Mensch ist nie krumm gegangen, sondern immer aufrecht auf zwei Beinen und damit stammt er auch nicht von den Tieren und/oder Affen ab. NIEMALS waren die Arme und Hände des Menschen gedacht als unterstützende Gliedmaßen eines vierfüßigen Säugetiers. Man sieht nun, wie die Arten unter dem Menschen, also im Besonderen die anthropoiden und die simianischen Rassen, sich weit mehr und schneller von ihrer ursprünglichen Primitivität entwickelt haben, als es dem Menschen je gelungen ist. Der ist noch immer, die Struktur des Skeletts und der Muskeln betreffend, nahezu derselbe. Wozu dann das Ganze? Wo bleibt dann der so gepriesene Fortschritt und die Entwicklung beim Menschen? Welcher Teil des menschlichen Körpers HAT SICH entwickelt? Es ist das Gehirn. Dort entwickelt sich der Mensch, darum ist eine körperliche Entwicklung für den Menschen auch (noch) nicht so notwendig, und DARUM vollzieht sich die Entwicklung des restlichen Körpers so langsam. DAS GEHIRN ist das Hauptorgan und der Sitz des WAHERN geistigen Menschen bzw. der Wesenheit. Die Aufgabe oder der evolutionäre Stand des Menschen ist es nicht, zu lernen wie er besser klettern, rennen, jagen oder sich von Baum zu Baum schwingen kann. Derartige oder ähnliche Aktivitäten haben wir ALS TIER längst hinter uns, jedoch auf anderen Globen als der Erde. Evolution heißt im Zusammenhang mit dem Menschen GEISTIGE PSYCHOLOGISCHE UND INTELLEKTUELLE Evolution, DIE muss, soll und wird sich entwickeln, und DARUM muss sich auch das Gehirn entwickeln, denn das Gehirn ist der TRÄGER all dieser Potenzen und Eigenschaften. So versorgt uns die Natur gerade immer mit dem, was wir benötigen auf unserem Weg nach oben, in immer höhere geistige, moralische und göttliche Regionen. OM. Wenn sich dann endlich auch er Rest des menschlichen Körpers verändern wird, dann geschieht dies, damit er ein Gefäß wird für die immer stärker wachsende Spiritualität des Menschen. Oh Lanoo, der Tag wird kommen, da werden wir nicht mehr aufhören zu lächeln. Wir werden schweben und Licht wird aus unseren Augen brechen.

VERERBUNG

D: Die erbliche Überlieferung von geistigen Eigenschaften ist bei Hunden, Pferden und anderen Haustieren unbestreitbar. Außer speziellen Neigungen und Gewohnheiten werden sicher auch allgemeine Intelligenz, Mut, bösartiges und gutartiges Temperament usw. vererbt. Beim Menschen beobachten wir ähnliches in fast jeder Familie. Dies betrifft Genie sowie Wahnsinn.

L: Richtig. Doch Darwin verfehlt zu erklären, warum es zu einer solchen Vererbung kommt. DER KEIM und spätere Fötus etc. enthält alle Informationen des Tieres sowie auch des Menschen, seine Stärken und Schwächen etc. etc. Demzufolge müssten alle Kinder von Mozart Genies sein. Sind sie aber nicht.

Warum nicht? Weil man bei solchen Gedanken und Berechnungen DIE WESENHEIT vergisst. SIE übernimmt den Keim und breitet sich darin aus. Manche Schwingungen des Keimes mögen dem Verlangenszustand der Wesenheit entsprechen, andere nicht. Leben für Leben „stürzt" sich die Monade (zunächst ein Punkt ohne Ausdehnung) erfüllt von Verlangen in den neuen Keim, der ihrer Schwingung entspricht. Eine Wesenheit, die Gladiator während der römischen Epoche war, wird sich nicht in dem Keim eines „Weicheis" manifestieren, sondern entsprechende Eltern aussuchen, welche die genetischen Voraussetzungen für physische Aktivität im Keim enthalten, ES SEI DENN, dass diese Wesenheit kein Interesse mehr an physischen Aktivitäten hat. Dann wird sie sich „geistigere" Eltern aussuchen, ein zwar kräftiger, und doch geistig interessierter Mensch sein. So einfach ist das und anscheinend doch so kompliziert. Der Mensch ist eine ZUSAMMENGESETZTE EINHEIT und wird von verschiedenen hohen hierarchisch geordneten Wesenheiten Leben für Leben mit seinem Karma entsprechenden „Gewändern" versehen. Dies findet immer vor bzw. kurzfristig WÄHREND der Verankerung der Wesenheit im befruchteten Keim statt. Es sind dann diese astralen „Gewänder", welche die Struktur des Fötus und späteren Embryos und dann geborenen Kindes bestimmen. Auch das Denken wurde den Menschen einst gegeben, aber doch nur in dem Maße, als die Wesenheit dafür bereit war.

VÖGEL

D: Die Vögel stammen von den Dinosauriern ab.

L: Falsch. Der Urahne des Vogels erschien vor dem Reptil und nach dem Säugetier. Mit anderen Worten: Der androgyn-protoplasmische Mensch sonderte zuerst die Urahnen-Formen der Vögel ab, danach die der Reptilien und dann die der Säugetiere. Man kann es gar nicht oft genug wiederholen. DER MENSCHLICHE Typus ist die Fundgrube aller potentiellen organischen Formen, und der Mittelpunkt, aus dem die letzteren ausstrahlen.

WAL

D: Ein schwimmender Bär, der mit aufgesperrtem Maul Insekten zu fangen versucht, ist doch ein denkbarer Ausgangspunkt für die Stammesgeschichte der Wale. Walfische sind in Wirklichkeit Säugetiere, die Sauerstoff atmeten, warmblütig waren und ihre Jungen mit Milch ernährten („Ursprung der Arten").

L: Der Wal stammt natürlich, wie alle anderen Sägetiere auch, vom Menschen ab, und da der Mensch die Säugetiere erst NACH den Fischen, Reptilien und Amphybien etc. abstieß, ist der Wal eine SPÄTERE Entwicklung als die eben genannten Arten. Man sehe nur die weitgefächerte Evolution des Wals. Der Wal ist ein Säugetier und war irgendwann einmal in seiner Entwicklung ein Land-Tier, das dann ins Wasser überwechselte. Und doch sieht der Wal wie ein Fisch aus und verbringt sein Leben im Ozean. Vergleichen Sie einmal das Bild eines Wales mit dem eines Delphins und eines Haifisches. Dann setzen sie darüber ein Bild eines ausgestorbenen Ichthyosaurus. Auf den ersten Blick sehen alle vier aus, als ob sie zur Art der FISCHE gehören würden, dass sie also verschiedene Fische sind. Der Hai ist in der Tat ein Fisch, aber der Ichthyosaurus der mesozoischen und sekundären Epoche war ein REPTIL, während der Wal und der Delphin SÄUGETIERE sind, also eine Plazenta besitzen. Da haben wir also den Fisch, das Reptil und das Säugetier, drei verschiedene Arten von Lebewesen, welche sich aber in allgemeiner Form und dem Verhalten anglichen, verursacht durch die gleiche UMGEBUNG, in der sie leben. Obwohl die drei anatomisch radikal verschieden sind, haben sie sich der Umgebung angepasst und den entsprechenden Körper entwickelt, sehen darum gleich aus. Dasselbe können wir z.B. über die Fledermaus und den Vogel aussagen. Die Fledermaus ist ein Säugetier und doch fliegt sie wie ein Vogel. Einst lebte sie am Boden. Nur wer die Funktionsweise der MONADE kennt, kann erklären, wie und warum die Wesenheit und mit ihr die Form von Land zu Wasser wechselt und umgekehrt oder von Boden zu Luft und umgekehrt.
Damit habe ich auch ganz nebenbei bewiesen, dass die Umgebung eine Art NIEMALS so entscheidend beeinflussen kann, dass sie zu einer anderen Art wird. Ein Wal wird also niemals - und war auch nie - ein Fisch. Die Art bleibt anatomisch immer dieselbe, durch ihre gesamten evolutionäre Entwicklung hindurch, egal, wie sehr sie ihre Form durch Anpassung ändern mag. Fledermaus und Wal sind von einer Art, sie sind SÄUGETIERE. Dies ist auch dadurch erwiesen, dass Fische beim Schwimmen ihr Rückgrat von rechts nach links biegen, während der Meeressäuger Wal die Wirbelsäule wellenförmig auf und ab bewegt, eben wie der Säuger Mensch. Da der Mensch aber seine Wirbelsäule von rechts nach links UND wellenförmig auf und ab bewegen kann, stammen Wal UND Fisch eben vom frühen Menschen ab.
Übrigens: Die Glattwale sterben aus. Der Biologe White wollte wissen warum, erforschte die Wal-Gene und stellte eine geringe genetische Vielfalt fest. Dort aber wird man die Ursache des Aussterbens der Wale und der Arten im All-

gemeinen nicht finden. Klimawechsel, Wechsel in Nahrung etc. sind ebenfalls kein Grund für das Aussterben der Wale, wie White selber zugibt. Inzucht ist ebenfalls keine Erklärung. White vermutete, dass Inzucht (bzw. Mangel an Weibchen in einer gewissen Bucht) der Grund für das Aussterben der Glattwale ist. Inzucht führt jedoch NICHT so schnell zum Aussterben einer Art. Außerdem musste White später feststellen, dass es auch anderswo Wal-Weibchen gab, die sich mit den Männchen dort paarten. Polymerase Kettenreaktionen bieten ebenfalls keinen Aufschluss. Auch im rücksichtslosen Schlachten der Wale ist die Ursache des Aussterbens der Glattwale nicht zu finden, sondern in den MONADEN den Wesenheiten! Sie sind verantwortlich für die geringe Fortpflanzungsquote der Wale. Die Monaden bzw. Wesenheiten in diesen Arten haben genügend in der entsprechenden Form und Gene gelernt. Sie werden sich in neuen Formen und Keimen weiterentwickeln und weiter lernen. Der Grund für das Aussterben von ALLEN Arten - inklusive der menschlichen Art wie wir sie jetzt kennen - liegt immer im RÜCKZUG der Monaden bzw. Wesenheiten aus diesen Arten, Formen und Genen.

Auch Klonen würde hier nichts helfen, denn Klonen würde die genetische Schwäche der Wale nur vergrößern. Klonen führt IMMER zur genetischen Degeneration. Das werden die Herren und Damen „Kloner" schon noch feststellen, aber wer weiß, vielleicht WOLLEN die Illuminati ja sowieso nur hirnlose Arbeitssklaven heranzüchten.

Inzwischen aber ist Walforscher White selber nicht mehr ganz mit seiner Inzucht-Erklärung über den Niedergang der Glattwale zufrieden, denn nicht JEDE Wal-DNS zeigte Anzeichen von Inzucht. Nun sind White und die Biologin Brown weiter auf der Jagd nach Wal-Weibchen, um mehr über das Aussterben der Wale zu lernen. Würden sie mit der gleichen Inbrunst nach MONADEN „jagen" oder diese Lehre studieren, dann wären sie am Ende ihrer Suche angelangt. Möge das Studium dieses Buches ihnen dabei helfen.

WASSER

D: Alles Leben entwickelte sich von Wasser zu Land

L: Nein. Was geschah war Folgendes: Alle Lebensformen und die Erde selbst waren einst ASTRAL-TRANSPARENT. Alle Lebensformen entstammen dem Menschen und haben sich dann auf eigenen Linien weiterentwickelt bzw. evolviert. Dann verdichtete sich die Struktur der Erde, verfestigte sich pari passu mit den Formen zu Urstrukturen der späteren Elemente Wasser, Erde, Feuer und Luft von heute. Einige Lebensformen entwickelten sich auf dem Land, einige im Wasser, einige in der Luft (einige gar im Feuer, aber das ist wohl zu esoterisch für den Augenblick). Erst dann fand ein Wechsel der Lebensformen von einem Element zum anderen, z.B. von Wasser zu Land und umgekehrt statt.

DIE ZELLE

D: Die Keimzelle ist die Essenz oder der Extrakt aus allen anderen Zellen.

L: Diese Definition allein ist nicht imstande, die Vererbung zu begründen und schon gar nicht das Wunder der sich ständig und kontinuierlich teilenden Zelle vom Embryo zum ausgewachsenen Menschen.

Eine Zelle ist ein Fokus kosmischer Kräfte, ein Kanal sozusagen, durch welchen diese kosmischen Kräfte sich auf unserem physischen Plane manifestieren. Jede dieser Zellen ist extrem variabel ausgerichtet zu wachsen und die Form zu wechseln. Die inkarnierende Einheit ist Summe solcher Kräfte. Der wahre Transmitter dieser Kräfte ist jedoch das ätherisch-feinstoffliche Konterpart der Zelle. Sie steht der Natur näher als die physische Zelle. Die wahren Kräfte arbeiten und wirken auf der ASTRAL-ÄTHERISCHEN Ebene mit hoher Frequenz. Würden diese kosmischen Kraefte DIREKT auf die physische Zelle wirken, so würde diese explodieren. Die astral-ätherische-feinstoffliche Zelle ist also ein TRANSFORMATOR für die enormen kosmischen Kräfte, die auf uns einwirken und sich durch die physischen Zelle offenbaren. Dies geschieht durch etwa 50 Billionen Zellen, aus so vielen Zellen besteht nämlich der menschliche Körper. Jede Zelle ist ein kleines Universum für sich. Nun ist jede Zelle im Körper des Menschen ein KIND des Menschen, denn jede dieser 50 Billionen Zellen entspringt dem inneren Selbst des Menschen. Es ist der INNERE Mensch, der sie gebar. Er ist der Gott dieser Zellen, und die Wesenheiten auf diesen Zellen beten uns vielleicht an, so wie wir (nicht ich) UNSEREN „Gott“ anbeten, dessen Körperzellen wir sind. Die Zelle, so sagt man uns, besteht aus Protoplasma bzw. aus hauptsächlich vier chemischen Elementen (Karbon, Nitrogen, Oxygen und Hydrogen) und einigen Spuren anderer Elemente. Das Protoplasma der Zelle enthält zwei Teile, das Zentrum, Nukleus genannt, und das den Nukleus umgebende Zytoplasma, welches wiederum den größeren Teil der Zellsubstanz ausmacht. Und doch beschreibt all dies nicht vollständig, was die Zelle wirklich ist. Darum bin ich mit der Tür ins Haus gefallen und habe gleich mit der esoterischen Definition der Zelle begonnen. Es ist der INNERE DRANG DER WESENHEIT, welcher auf die Zelle einwirkt durch den bereits erwähnten ätherischen Transformator des Zellenkonterparts.

Ich frage nun: Warum ist es so, dass ein Teil der Zelle latent schlummert und inaktiv ist, auf den Nachwuchs übertragen wird, und ein anderer Teil der Zelle aus seiner protoplasmischen Substanz den Körper des Individuums enthält, den es formt (wenn man Weismann folgt). Bis heute haben die Biologen keine Antwort auf diese Frage gefunden, doch ich sage, es ist das Gesetz der Beschleunigung und Verzögerung, welches dies bewirkt, denn dieses Gesetz besagt, dass, wenn eine dominierende Kraft erscheint, alle Teile entweder sich ihr unterordnen und entsprechend aktiv werden oder aber mit Inaktivität und Latenz reagieren. Die dominanten und aktiven Teile der Zelle beschleunigen ihre Aktivität, die „schlafenden" Teile verzögern und bleiben latent schlummernd. Was ist nun die eigentlich treibende Kraft hinter diesem Phänomen der Aktivität und Latenz? Es ist die treibende Kraft des astralen Fluidums der Dhyan-Chohans, jener geistigen göttlichen Hierarchie, die uns ihre Körper gab bzw. einen Teil davon. SIE sind immer noch verbunden mit uns, nicht physisch, sondern durch die astral-ätherische Transformation unserer Astralkörper und deren Zellen bzw. des astralen Konterparts davon. Jede Zelle ist zwar dazu bestimmt, ein Individuum zu werden, doch besteht diese Zelle selbst aus unzähligen ihr untergeordneten Lebensatomen, wobei der Teil oder die Lebens-Einheit des Wirtes die dominante ist, durch den Einfluss des inkarnierenden astralen Fluidums agiert; jener ist es, der den Nucleus der Zelle beeinflusst und somit den Bau des Körpers bestimmt (kontrolliert durch Karma, dem niemand entkommen kann, nicht einmal die göttlichen Hierarchien, von denen unsere Körper abstammen.)

Die Zelle enthält Potenzial für Evolution. In ihr sind die Kräfte enthalten, welche sich in den verschiedenen Formen ausdrücken. „Meister", fragt der Schüler, „Wo kommt der Baum her?" „Vom Samen", antwortet der Meister." „Und der Samen, wo kommt der her, Meister?" – „Bring mir ein Samenkorn," sagt der Meister. Der Schüler gehorcht. Der Meister sagt: „Brich das Samenkorn auf." Der Schüler gehorcht. „Was siehst du im Samenkorn?" fragt der Meister. „Nichts", antwortet der Schüler. „Siehst du", sagt der Meister. „Eben daher kommt das Samenkorn und damit der ganze Baum, aus diesem uns unsichtbaren Zentrum. Hinter ihm stehen jene unerschaffenen zeitlos-ewigen Kräfte, welche dies bewirken."

Die Zelle kopiert die generelle Struktur der Atome, aus welchen sie besteht. Nehmen wir doch einmal die Zelle, welche das mikroskopisch kleine befruchtete menschliche Ei ist. Ist das Ei also befruchtet, dann beginnt die Zelle zu wachsen und zwar folgendermaßen: Eine Zelle teilt sich in zwei, indem sie der

vorausgehenden Teilung ihres Nukleus folgt. Nun sind es zwei Zellen, deren Nuclei sich wiederum teilen und vier Zellen erzeugen und so weiter, bis das Lebewesen die volle Körpergröße erlangt hat. Nun fragt man sich, warum die Zellen sich nicht weiter teilen und wachsen wie die Zinsen in unserem Lande, welche damit - sehr zur Freude der Banker - die Staatsverschuldung nicht rückzahlbar machen und einen neuen Kredit erfordern. Der Mensch bzw. alle Lebewesen inklusive der Flora in der Natur wachsen nur, soweit sie eben wachsen, weil in der ZELLE bzw. in deren unsichtbarem Zentrum alle Potenzen des sich bildenden menschlichen Körpers liegen. Doch was kontrolliert die Arbeit der protoplasmischen Substanz des gesamten Zellenaggregats, wenn es sich in die verschiedenen Organe des Körpers entwickelt? Was ist in der ursprünglichen Zelle, das sie befähigt, sich in Billionen andere Zellen zu teilen, die dann zu Zellen des Herzens, der Milz, des Gehirns, der Knochen, der Muskeln etc. etc. werden? Was ist diese uns unsichtbare Kraft, von welcher der Meister dem Schüler verkündet, dass sie sich im ZENTRUM befindet? Der Biologe kennt die Antwort zu dieser Frage nicht. Er wird nur sagen, dass wir aus Zellen gemacht oder gebildet sind und dass diese Zellen immer denselben Teilungsverlauf nehmen, wenn sie die günstigen Umstände dafür finden. Katzenzellen produzieren Katzen, Menschenzellen Menschen, Affenzellen Affen, Blumenzellen Blumen, Pferdezellen Pferde, etc. etc. Was verursacht solch ein Wunder? Es ist der Dhyan-Chohainische Impuls. Diese uns unsichtbaren, durch das Zentrum aller Dinge und Atome wirkenden göttlichen Wesenheiten verursachen dies, wobei jede dieser Wesenheiten seinen eigenen Wirkungsbereich bzw. sein eigenes Naturreich hat, dem es vorsteht, es stimuliert, immer geleitet von und unter dem Gesetz des Karma.
Wie diese Gottheiten bzw. göttlichen Hierarchien oder „Himmlischen Menschen" auf die Zellen wirken, verrät uns Blavtsky in ihrer *„Geheimlehre" Kosmogenesis,* Band I S. 197, indem sie die diese göttliche Hierarchie in drei Klassen einteilt:
„1. Die am meisten entwickelten Monaden - die lunaren Götter, deren Beruf es ist, den ganzen Zyklus der mineralischen, pflanzlichen und tierischen Reiche in ihren (zunächst) ätherischsten, dünnsten und rudimentärsten Formen zu durchlaufen, denn vor der phsischen Entwicklung gab es auf Erden vor hunderten von Millionen von Jahren eine astral-ätherisch-transparente Entwicklung. (Doch dazu möchte ich bemerken, dass selbst unsere heutige sogenannte „dichte" Materie für einen Röntgenstrahl immer noch wie „astral-transparent" wirkt. Lanoo).

2. Jene Monaden, welche (abgestoßen vom himmlischen Menschen. Lanoo) die menschliche Stufe zuerst erreichen und eine entsprechende menschliche Zellstruktur verursachen.
3. Die Nachzügler, die Monaden, die sich verspätet haben und wegen karmischer Hindernisse die menschliche Stufe in dieser planetarischen Epoche (noch) nicht erreichen können (eine Ausnahme sind jene Monaden, die sich auf die Zellen der Affenahnen stürzten, als der Mensch Sex mit Tieren hatte.) Denn eines muss der Leser wissen: Die Monaden stürzen sich auf alles, ergreifen JEDE Möglichkeit ZU LEBEN, das heißt, sich auf unserer Ebene zu manifestieren. Keine Form ist ihnen zu schade. Jene Monaden, welche die Affenzellen aktivierten, hätten aber keineswegs in menschliche Zellen „gepassst". Dazu hatte sie ihre karmische Entwicklung noch nicht befähigt.Lanoo). Ende Zitat.

Wie das Mineralatom sich durch Kristallisation umformt, so verhält sich die Bildung der Zelle zu ihrem organischen Kern. Ich sage, dass die zellbildende Substanz, das Zytoblastema, und die Mutterlauge, aus der die Kristalle entstehen, ein und dieselbe Wesenheit sind, außer in Differentiation für bestimmte Zwecke.

Lieber Leser, sehen Sie sich um in der Natur, und sie werden Zellen ihres eigenen Körpers sehen. IHR KÖRPER hat all diese Lebensformen der Natur hervorgebracht. Dies geschah nicht heute, aber vor über 300 Millionen Jahren, als diese Erde noch astral war, nicht viel mehr als ein transparentes Energiefeld war. Dann entstanden alle Arten, niedriger als der Mensch, indem der astrale Mensch seine Vital-Zellen abstieß. Jedes dieser Zellorganismen begann, einmal getrennt vom menschlichen Wirt, die eigene Art zu bilden, getrieben und motiviert vom Verlangen der Monaden in diesen Zellen und geleitet vom Dhyan-Choahnischen Impuls bzw. IM RAHMEN dieses Impulses. Und von diesen „Astralknospen", diesen nun auf sich gestellten menschlichen Zellen, entstanden oder entwickelten sich die Klassen der späteren Vögel, Reptilien, Amphibien und der Fische etc. Mit etc. meine ich die „Ahnen" bzw. den Ursprung der gesamten Flora bzw. Vegetation von heute; all dies stammt vom Menschen ab, ist „Fleisch von seinem Fleisch", so wie wir „Fleisch vom Fleisch und (dann noch astrale) Knochen von den Knochen" der astralen Hierarchie der Dhyan-Chohans, also der „Himmlischen Menschen", die heute als „Gott" oder „Elohim" (was eigentlich korrekt übersetzt GÖTTER bedeutet) von der Masse verehrt werden. All dies geschah vor hunderten von Millionen von Jahren. DA-

NACH, im späteren Paläozon und auch im darauf folgenden frühen Mesozän stieß der nun etwas physischer und protoplasmischer gewordene (immer noch androgyne) Mensch neue Zellen ab. Diese entwickelten sich zu den Urahnen der SÄUGETIERE von heute. Wohlbemerkt, das sind nicht die Formen, in denen der Mensch einst lebte, sondern es sind die von ihm abgestoßenen Zellen seines damals protoplasmischen, aber immer noch fast transparenten Körpers, welche ihre eigene Entwicklung anstrebten und die androgyn geschlechtslosen Urahnen der Säugetiere hervorbrachten.

Nun zu den Mutationen und deren Beziehung zur Zellfunktion.
Evolution wird nie voll verstanden werden, wenn wir unsere Studien limitieren auf die Veränderung und Veränderbarkeit des Körpers oder der Formen per se. Der Mönch Gregor Mendel war da schon weiter. In seinem Klostergarten experimentierte er mit Erbsen. Er kreuzte eine Zwerg-Erbse mit einer großen Erbse. Das Resultat: Die folgenden Erbsen-Generationen waren alle groß. Daraus schloss Mendel, dass das Große in der Zelle dominant war und das Kleine rezessiv, aber auch schlummernd inaktiv und doch latent enthalten. Nun ließ Mendel diese zweite große Generation wachsen ohne sie zu kreuzen. Das Resultat: Ein Viertel der Erbsen waren klein, drei Viertel groß. Die kleinen Erbsen ließ er nun auch wachsen ohne sie zu kreuzen Diese kleinen Erbsen produzierten NUR kleine Erbsen, und zwar immer. Doch wie stand es mit den drei Viertel GROSSEN, aus Kreuzung hervorgegangenen Erbsen? Ein Viertel von denen produzierten große Erbsen, doch die restlichen 3 Viertel produzierten, wie es ihre Eltern getan hatten, in der nächsten Generation ein Viertel kleine Erbsen, ein Viertel große Erbsen und zwei Viertel gemischte kleine und große Erbsen. Was produziert diese mathematische Mutation in den Erbsen? Es ist wiederum die ZELLE und deren im Zentrum gelagerte und zur Wirkung kommenden Kräfte, deren Natur ich bereits erklärte. Zum einen erlebt die Zelle der großen Erbse das Gesetz der Beschleunigung, während die kleine Zelle das Gesetz der Verzögerung erfährt, all dies weise geleitet von den Dhyan-Chohans. Lieber Leser, die himmlischen Menschen sind ebenfalls dem Karma unterworfen. Vollkommen sind sie ebenfalls nicht, sonst wären sie nicht in Manifestation, sondern in NIRVANA. Die Substanz, welche sie abstießen, war damit auch unter dem Gesetz des Karma, und die zunächst astralen und dann protoplasmischen Menschen interagierten ja auch, und dies nicht immer in liebevoller Weise. Darum unterliegt ihre abgestoßene Substanz, wie auch immer sie sich ent-

wickelte, sei es als Stein, Pflanze oder Tier natürlich auch dem Karma. Jawohl, auch Steine haben Karma und verursachen Karma.

Ich möchte hier noch einmal betonen, dass die Tiere etc. zwar vom Menschen abstammen, aber sie existierten als solche bzw. als Formen NICHT im menschlichen Körper. Erst nach der Abtrennung und auch späteren Vermischung mit der restlichen zunächst astralen Materie des Planeten entwickelten sie sich zu dem, was sie heute sind. Die Frage wird unter Theosophen oft gestellt, ob die Monaden dieser Tiere immer noch die dann abgetrennten sind. Die Antwort ist ja, obwohl das spätere sich entwickelnde Tier sich, wie gesagt, mit anderer planetarischer Substanz vermischt und anreichert. Doch diese Substanz ist ja AUCH vom Menschen, der als monadische Einheit bereits aktiv bei der Bildung der planetarischen Kette mitwirkte, obwohl diese dann der Körper eines Planetenengels ist und wird. Somit ist also unserer Erde der physische Körper eines der Planetenengel der unteren kosmischen Hierarchie, aber mit dieser Bemerkung habe ich mich wohl zu diesem Zeitpunkt und in diesem Buch wohl etwas zu weit hervorgewagt. *DAS BUCH DES LICHTS* ist der rechte Ort, sich mit solchen kosmischen Fakten zu befassen.
Wie steht es nun aber mit den Monaden in der Zelle? Für Spinoza ist die Substanz ja tot und untätig. (Ein Blick durch ein Mikroskop hätte ihn bereits eines Besseren belehren können, denn ALLES, auch das kleinste Atom bewegt sich, es lebt, sogar vom Standpunkt eines Materialisten aus gesehen. WAS verursacht die Bewegung oder Schwingung des Atoms? Es ist natürlich DIE MONADE). Doch Leibnitz schreibt ja über die Monaden, dass sie „geistige Wesen sind, deren eigentliche Natur das Wirken ist."
Die Monaden, so dachte Leibnitz und so denken auch wir, sind überall. Jede Zelle in der Pflanze, im Tier und im Menschen ist eine Monade in Aktion. Leibnitz war und ist seiner Zeit weit voraus mit dieser Feststellung. DIE MONADE ist die treibende Kraft im Atom. Das Atom ist ihr Kleid und zugleich die Widerspiegelung der Monade. WIE manifestiert sich die Monade, welche aus anderen, ungleich höheren Ebenen stammt und immer noch dort weilt? Durch Reflexion in die niederen Ebenen tut sie das. Wenn Adepten die Zukunft lesen, dann können sie sich auf monadische Ebene erheben. Der Theosoph Bjerregaard trug in New York Folgendes vor: „Eine jede Monade ist ein Spiegel, der sprechen kann."
Und Leibnitz fragt bzw. stellt fest: „Ob Gott je etwas gemacht hat, außer Monaden oder Substanzen ohne Ausdehnung?"

Eine Monade ist natürlich keine Substanz, sonst hätte sie eine Ausdehnung. Eine Monade ist aber ein Punkt OHNE Ausdehnung. Damit verlasse ich aber jetzt das Gebiet der orthodoxen Wissenschaft zu sehr.
Zurück zur Zelle. Wenn die Zelle also eine Monade ist, woher kommt dann DIE SUBSTANZ, welche die Monaden bekleidet? Es ist DER UNIVERSALE WILLE bzw. seine (formlosen) Ausstrahlungen, welcher nahezu unendlich viele Sub-Monaden vereinigt, bis diese, die zeitlos-ewige Urmaterie belebend, unserem Auge und den anderen Sinnen die Illusion der Form bieten. Dies wird bewirkt durch die Zusammenfassung und Manifestation des kosmischen Willens auf der Ebene des subjektiven Weltalls, welches immer wieder, zusammen mit allen Wesenheiten, aus NIRVANA erwacht. Was wir also mit unseren beschränkten Sinnen als Materie empfinden, ist in Wirklichkeit „gefrorener Geist". Die Monaden und deren Zellen sind nichts weiter als die körperlichen, seelischen und geistigen „Prinzipien" der hohen, uns unsichtbaren kosmischen Hierarchie. Wenn diese Wesenheiten untereinander oder miteinander agieren, dann verschieben sich bzw. agieren ihre Monaden und verursachen die Welt, wie wir sie sehen, bzw. die Materie mit ihren Formen, von denen kein einziges Atom unbelebt ist. Alles lebt.
Materie oder Substanz ist also nichts als Gottheiten in Aktion. Wer diese Gottheiten anbeten und verehren will, der möge dies tun. Viel wird er damit nicht erreichen, es sei denn die Aufmerksamkeit niederer astraler Hierarchien und ob dies so wünschenswert ist, will ich einmal dahingestellt sein lassen.
Ich warne jedoch davor, diese himmlischen Hierarchien, deren Ausstrahlungen und Absonderungen wir als Materie empfinden (wir sind praktisch der „Sud" dieser Gottheiten), als Individualitäten zu sehen, wie es in der Antike geschah mit den Sagen von den Göttern (was wiederum nur SYMBOLISCH war für die wirklichen göttlichen Hierarchien). Diese Gottheiten, deren Gewand die Materie ist, sind aber auch keine Abstraktionen. Sie sind mehr ein Einfluss, eine geistige Substanz oder eine bewusste Kraft.

Nun werfe ich den Leser einfach mal ins kalte Wasser, indem ich ihm sage bzw. schreibe: „Geist ist Stoff auf der niederen (unseren) Ebene; Stoff ist aber auch Geist auf seinem niedersten Punkt, der Entwicklung. Da all diese Aktivitäten vergänglich sind, kann man sie getrost als Illusion bezeichnen."
Jetzt wissen wir also, was die Zelle ist. Sie ist eine Widerspiegelung des Gewandes der Götter auf Erden. Oh Lanoo, Du bist ein Gott im Werden.

Ich sage nicht, dass die orthodoxe Wissenschaft Unrecht hat, die Funktionen der Zelle betreffend. Sie ist sogar ziemlich akkurat. Man bedenke: Aus der Furchung eines außerordentlich kleinen Eies und eines Samentierchens entwickelt sich ein Embryo zu einem gesunden Kindchen von mehreren Pfund Gewicht, und später entwickelt sich dieses Kind zu einem vielleicht zwei Meter großen Mann. Die Frage nach den Kräften hinter einer solchen erstaunlichen Entwicklung aus einer mikroskopisch kleinen Zelle und nach der Ursache der Vererbung sind von dieser Wissenschaft niemals befriedigend beantwortet worden und ich hoffe dies hier zumindest in dem Maße getan zu haben, als ich den Leser neugierig mache auf das *BUCH DES LICHTS.*

Es ist DIE ZELLE, welches der unsterbliche Teil unseres Körpers ist, indem sie, unter gegebenen Umständen und durch einen anderen Koerper genährt, sich wieder teilt und weiterlebt und sich in einem Prozess von aufeinanderfolgenden Assimilationen entwickelt.
Die Teilung des Zellkernes weist übrigens auf eine der Fortpflanzungsmethoden der ersten menschlichen Rassen auf Erden hin, nämlich durch SPALTUNG. Andere Methoden waren Knospung, Sporung und intermediärer Hermaphroditismus (siehe Reproduktion). So wie die Pflanzen sich heute vermehren, so tat dies der Mensch vor hunderten von Millionen Jahren. Oder: Die Pflanzen (und Tiere) vermehren sich, wie sie es tun, weil DER MENSCH, von dem sie stammen, es so tat bzw. weil er das POTENZIAL dieser Funktionen in sich enthielt und es weitergab an seine Absonderungen, welche zu den Steinen, Pflanzen und Tieren von heute wurden. Die Abläufe in der Natur in Fauna und Flora auf Erden sind eine Kopie der Funktion des damaligen und heutigen menschlichen Körpers .

ZIVILISATION
D: Zivilisation erschwert die natürliche Zuchtwahl, siegte über Barbaren
L: Zivilisationen, höher entwickelt wie heute, und Barbaren existierten, damals wie heute, Seite an Seite. Menschliche Zivilisation begann schon im Zeitalter des Jura. Hohe und niedere Zivilisationen kamen und fielen wieder bis zum heutigen Tage.

ZUFALL und Entstehung der Art
D: Die Entstehung der Art kann unmöglich als Zufall gesehen werden, und doch genügt der Begriff Zufall. (s. 5. Kapitel von *„ Ursprung der Arten*“).

L: Warum dann baut er auf diese Ursache - natürliche Zuchtwahl - von der er zugibt, nichts zu wissen, und schließt daraus auf das Überleben der Tauglichsten? Zufälle gibt es nicht. Alles, was geschieht, ist die Ursache von Karma und Wiedergeburt auf allen Ebenen. Der sogenannte „Kampf ums Überleben“ wird viel zu sehr überbewertet. Diese im Kern falsche Theorie gibt höchstens rücksichtslosen Menschen den Freibrief, noch rücksichtsloser zu sein oder zu werden, nach dem Motto „In der Natur geschieht es ja auch, die Natur macht es uns vor“. Simpler Materialismus, Zufall und tote Materie, erklärt nicht das Erscheinen des Lebens und Seins, ist darum unwissenschaftlich, unphilosophisch und damit unmöglich, weil gegen die Natur der Vernunft. Wie soll denn ein aus bloßer Materie bestehendes Universum diese Ordnung der Bewegung der Planeten untereinander erzeugen, wie die Planeten selbst? Wie kann denn Materie die Lebensformen „ausspucken“, einfach so? Ohne eine treibende MATHEMATISCH-BEWUSSTE Kraft hinter allem ist all dies einfach nicht möglich. Ich sage, da sind Architekten am Werk, geistige Architekten auf höheren Ebenen, die NICHTS dem Zufall überlassen. Diese geistigen Hierarchien bzw. ihre „Gewänder“ sind das Universum selbst mit allem darin. SIE sind die treibende Kraft, welche wir mit staunenden Augen als „Natur“ und „Naturkräfte“ bezeichnen.

NACHWORT

Darwinisten, denen ich meine These präsentierte, verkündeten lautstark, dass der Mensch vor 18 Milliionen Jahren und mehr noch gar nicht existieren konnte. Dem widerspreche ich. Was diese lieben Darwinisten noch nicht verstehen, ist, dass der Mensch sogar vor 300 Millionen Jahren und mehr existierte. Damals waren auf Erden noch andere geologische und physische Zustände. Alles war astral-protoplasmisch, eine einzige feurige Ursuppe mit den in ihr umherschwebenden, sich mit allem und miteinander vermischenden Lebewesen darin. Der Mensch war damals ÄTHERISCH und konnte derartige Temperaturen etc. mit Leichtigkeit ertragen, ja er fühlte sich WOHL in ihnen. Es ist halt ein Astralkörper im Physischen, und dieser Astralkörper ist UNABHÄNGIG vom Physischen. Das wird bei jedem Nachtwandler offenbar. Da ist nachts, während der physische Körper schläft, der astrale Körper aktiv, während der physische ihm dann nur „folgt“.

DAMALS, vor über 300 Millionen Jahren und auch später, hatte der Mensch, ja alle Lebewesen, NUR Astralkörper, welche sich erst später (bei den Tieren eher als bei Menschen) stufenweise verfestigten bis zur fleischlichen Materie von heute. Es gab also damals den knochenlosen ätherischen Menschen. Theologen und Wissenschaftler gleichermaßen wissen nur vom physischen Körper und sind daher empört über meine Thesen. Lieber Leser, es gab Perioden, in denen eine unerträgliche Hitze herrschte auf Erden, und das sogar an beiden Polen, inklusive Fluten, Erhebungen der Täler und ständige Verschiebung der Meere. ‚No problem’ für den astralen Menschen. Er konnte sich das Ganze ungefährdet ansehen und sich in Ruhe entwickeln und die Urformen der heute existierenden Arten abstoßen. Weder schädliche Gase noch eine wackelige, feuerdurchtoste Erdkruste konnten diesen Menschen etwas anhaben. DESHALB existierte der Mensch bereits im Karbon oder Sulurzeitalter. Jene hohen Wesenheiten oder Elohim, welche dann die menschliche Monade mit neuen „Gewändern“ bekleideten (oft auch mit dem Menschen experimentierten), konnten dies auch nicht nach Belieben tun, sondern immer unter dem Diktat von Karma. Die Herren des Karma sind den Elohim überlegen. Wissenschaftler lehren, dass das Moner oder die Urzelle ihr eigener Ahne sei. Wenn’s nicht so unwissenschaftlich wäre, dann wäre es nahezu esoterisch. Als die astrale Materie sich verdichtete, gab es unzählig viele Moneren, doch die waren MENSCHEN, wenn auch nicht mit der Form von heute, sondern sie waren in der Tat nur „Klumpen“ oder „Puddingbeutel“, wie Blavatsky so treffend in ihrer „Geheimlehre“ schreibt. Und eben aus diesem Moner oder aus diesen Moneren entstanden alle anderen Arten. Die riesigen Saurier stammen natürlich auch vom Menschen ab und waren nicht immer solche schuppenartigen Monster, sondern waren zunächst - in ihrem frühesten Entwicklungsstand - fadenartige Infusorien ohne Schale und Kruste. Diese frühen astral-protoplasmischen Saurier waren Formen ohne Nerven, Muskeln und Organe und auch ohne Geschlecht. Sie pflanzten sich durch „Knospung“ fort, so wie es die mikroskopischen Tiere tun. Diese mikroskopischen Tiere, lieber Leser, sind die Erbauer unserer Bergketten. Alles lebt. Der Mensch war ebenfalls, sogar lange vor den astralen Tieren, zunächst eine fadenartige gallertartige Form von ungeheuerer Größe. Durch Millionen von Zeitalter verdichtete sich dieser Mensch bis zu den Riesen der atlantischen Epoche. Man kann nur hoffen, dass die materialistische Wissenschaft bald zur Vernunft kommt und sich der in diesem Buch präsentierten Lehre anschließen und sie ebenfalls verkünden und lehren wird. Analogie ist das Gesetz der Natur.

So wie diese Erdkugel zunächst ein Ball von „Feuernebel“ war, dann zum weichen Planeten wurde und dann zur felsenstarrenden Kugel von heute, ebenso haben sich die Lebewesen auf diesem Planeten ZUSAMMEN mit ihm von Anfang an entwickelt. Der Planet IST sogar diese Lebewesen von damals, doch da habe ich bereits etwas gesagt, was nur dem *BUCH DES LICHTS* zusteht. GENESIS hat schon Recht, wenn es sagt: „Es waren zu allen Zeiten Riesen auf Erden“. Der jetzige Mensch ist fest und muskulös und würde das Klima vor 25 Millionen Jahren nicht überleben, doch DAMALS war er eben NICHT fest und muskulös, sondern ein Organismus ohne Organe, ein Wesen mit einem strukturlosen Eiweißkörper im Inneren und einer menschlichen Form nach außen. Der Mensch ist nicht das letzte, sondern das erste Glied in der Säugetierfamilie, und zwar vor etwa 300 Millionen Jahren. Der Mensch davor war der Urahne aller anderen Arten, Fauna UND Flora. Der Mensch lebte bereits in der mitteltertiären Periode, in einem geologischen Zeitalter also, wo noch kein einziges Exemplar der jetzt bekannten Arten von Säugetieren existierte. Nur die kühnsten Geologen wagen es, den Menschen weiter zurück als in die Miozänzeit zu versetzen. Müssen sie ja, weil sonst alle Bücher neu geschrieben werden müssten.
Der ursprüngliche Mensch hat sich also vervielfältigt, indem er Substanz aus seinem eigenen, damals protoplasmischen Körper aussschied, diese Substanz

wuchs dann zum neuen Menschen, der alte starb. Wenn es eine Urzeugung gab, dann diese. Ansonsten entrollen sich alle Ebenen des Seins immer und immer wieder aus NIRVANA, dem Absoluten. Dass dies zunächst abstrakt geschieht und nicht als feste Kugeln und Planeten im Weltall, ist als These wahrscheinlich einige hunderttausend Jahre der jetzigen Zeit voraus, aber sei's drum.

Lieber Leser, es gab ein Pflanzenleben auf Erden, das sogar in den damals giftigen Elementen seine Nahrung finden konnte. Es gab ein Tierleben auf diesem Planeten, welches ein Wasser trinken konnte, welches viel weniger Sauerstoff enthielt als das heutige Wasser, und es gab ein Menschenleben auf diesem Planeten, welches sich sehr wohl der damaligen geologischen Periode anpassen und in ihr überleben konnte. Weder einfache noch zusammengesetzte Elemente waren für die früheste Rasse der Menschheit nötig, um zu überleben. Es war auch kein Kalziumphosphat nötig für die damals knochenlose menschliche Rasse. Der Mensch hat sich auf Daseinsebenen entwickelt, von denen sich die Wissenschaft nichts träumen lässt. Ich gebe ein Beispiel: Die frühen menschlichen Rassen konnten sich mit derselben Leichtigkeit über und unter der Erde bewegen wie über, in und unter dem Wasser. Eben darum, weil damals die Erde nicht so „dicht" war wie sie es heute ist, und auch die ersten Rassen waren nicht viel mehr als „Schatten". Der Mensch damals und auch danach, als er sich verfestigte, bestand aus Materialien und Atomverbindungen, welche der heutigen Wissenschaft völlig unbekannt sind.

Die Natur hatte allerdings um die menschliche Astralform bzw. um den damaligen astralen Menschen eine affenähnliche äußere Gestalt aufgebaut, weshalb die Affen ja heute auch so aussehen, wie sie aussehen. Diese Gestalt aber war keineswegs das „fehlende Glied." Diese Entwickung fand vor vielen hundert Millionen Jahren statt. Dort war der Mensch „ein Stein, eine Pflanze und ein Tier" und DANN wurde er der Mensch der ersten Wurzelrasse. Damit meine ich aber DIE MENSCHLICHE MONADE; die ging durch die Naturreiche, bis sie vor 300 Millionen Jahren als zunächst astraler Mensch (im Sinne von Menschen plural) der Ursprung aller Arten auf Erden wurde. Die Wesenheit inkarniert viele Male in den verschiedenen und stets voneinander getrennten Naturreichen. Also zunächst 1) im Mineralreich durch alle Arten der Minerale + Metalle, von Stein bis Gold, dann 2) im Pflanzenreich durch alle Arten von Pflanzen von der Flechte bis zur schönsten Rose, dann 3) durch alle Arten der

Tiere von der niedrigsten Amöbe bis zum schönsten Pferd etc., dann 4) durch alle Arten der Menschen, vom primitivsten zum höchstentwickelten.
Wer Schwierigkeiten hat, die Entwicklungsfolge vom Menschen zu den Arten von heute zu verstehen, der sehe sich diese Illustration an:

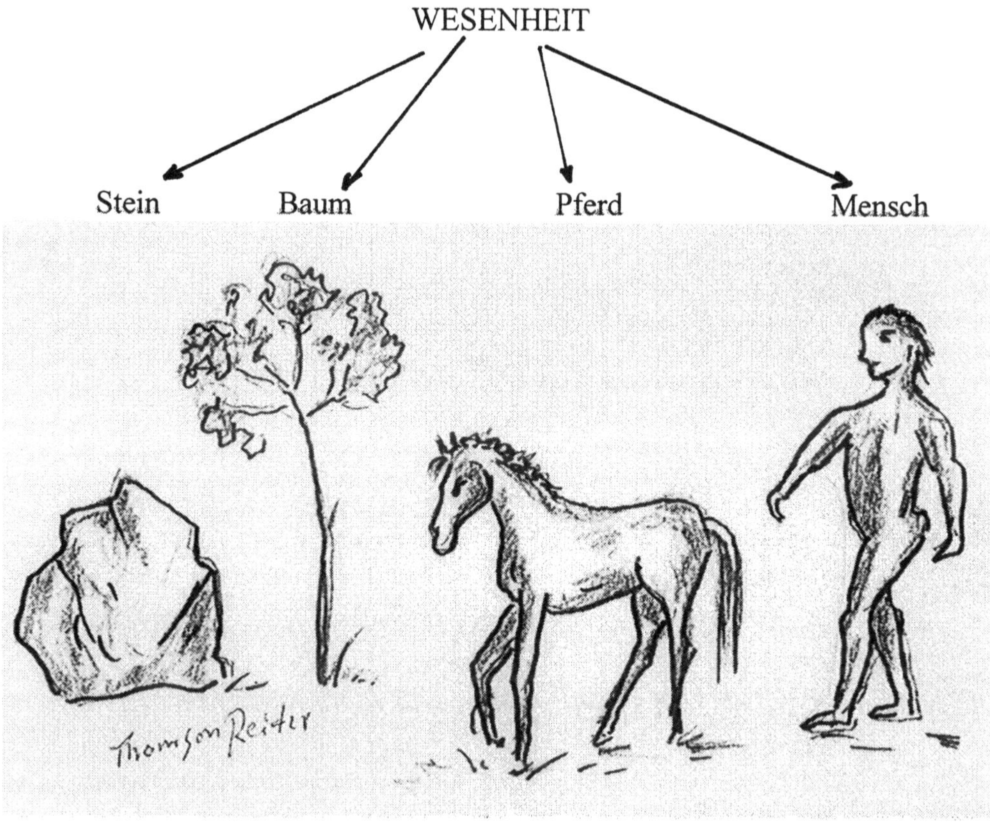

Dieser Vorgang ist natürlich nicht abgeschlossen. Mehr darüber im *BUCH DES LICHTS.*

Das ist der Kern dieser Lehre und macht sie leicht verständlich. Diese Entwicklung, welche die menschliche Monade oder Wesenheit durchläuft, vollzieht sich auch heute noch, und zwar im menschlichen Embryo. Lefevre schreibt in *„Philisophie“*: „Ein sehr starkes Argument zugunsten der Variabilität wird von der Wissenschaft der Embryologie geliefert. Ist nicht ein Mensch im Uterus... eine einfache Zelle, eine Pflanze mit drei oder vier Blättchen, eine Kaulquappe mit Kiemen, ein Säugetier mit einem Schwanz, schließlich ein Säugetier und ein Zweifüßler? Es ist kaum möglich, in der embryonischen Entwicklung nicht eine flüchtige Skizze, eine getreue Zusammenfassung der ganzen organischen Reihe zu erkennen.“ Recht hat er, doch dies betrifft DEN VORRAT AN TYPEN, welcher im Menschen aufgespeichert ist und welcher der URSPRUNG aller Typen ist. DER MENSCH ist die „Arche“ Noah, ER enthält die Prototypen aller Arten in sich sowie ihre Funktionsweise. Haeckel hat Recht, wenn er in „*Über die Urkunden der Stammesgeschichte*“ sagt: „Die Keimgeschichte gestaltet sich zum Miniaturbilde oder zum Auszug aus der Stammesgeschichte.“ Die lieben Darwinisten haben den Menschen allerdings nicht durch das Pflanzenreich zurückverfolgt. Ich aber tue dies. Die Idee, dass sich die Natur des Menschen aus einem frühen Affen entwickelt hat, ist also zu verwerfen.

Lanoo (Christian Anders)

DARWIN ZWEIFELT AN SEINER EIGENEN EVOLUTIONSTHEORIE

Dies war auch zu erwarten. Ein Mann mit der Intelligenz eines Darwin MUSSTE sich irgendwann einmal sagen: Meine Theorie kann doch gar nicht stimmen weil... ja warum bloss?
Darwin selbst beantwortet diese Frage auf Seite 202 *„Entstehung der Arten*“. Dort schreibt er: „Die Annahme, dass sogar das Auge mit all seinen unnachahmlichen Vorrichtungen, um den Focus den mannigfaltigsten Entfernungen anzupassen, verschiedene Lichtmengen zuzulassen und die sphärische und chromatische Abweichung zu verbessern, nur durch natürliche Zuchtwahl zu dem geworden ist, was es ist, scheint, ich will es offen gestehen, IM HÖCHSTMÖGLICHEN GRADE ABSURD ZU SEIN!“

Auf solche Sätze stürzen sich natürlich unsere Religionsfanatiker mit großer Begeisterung, um somit einen Schöpfergott zu postulieren. Den aber gibt es ebenfalls nicht. DAS AUGE sowie jedes andere Organ ist in den zeitlos-ewigen abstrakten Archetypen enthalten, entlang derer sich die Wesenheit Leben für Leben entwickelt bis hinauf zur Körperlosigkeit von woher sie entsprang. Wir haben ein physisches Auge, weil die menschlichen Astralrassen ein astrales Auge hatten und haben. Als sie uns ihre Substanz gaben, entwickelten sich konsequenterweise auch unsere physischen Organe entsprechend durch „Verdichtung“ auf der physischen Ebene. Es gibt keinen außerkosmischen Schöpfer. Alles existiert immer und manifestiert periodisch, dabei sich in URMATERIE kleidend und die Form wechselnd. Es gibt keinen Anfang und kein Ende einer solchen kosmischen Entwicklung, sondern nur ein WIEDERERWACHEN, eine konstante NEUENTFALTUNG oder emanierende Evolution zeitlos-ewig existierender, unerschaffener Kräfte.

Lanoo (Christian Anders)

Mittlerweile wagen sich aber auch die Wissenschaftler, Biologen, Anthropologen, Paläontologen und Paläoanthropologen kühn an das heran, was ich schon seit über zehn Jahren verkünde. Man lese und staune: Die Zeitschrift *P.M. - „Moderne Welt des Wissens“*, Paläoanthropologie, verkündet fragend auf ihrem Titelblatt:

GAB ES DEN MENSCHEN VOR DEM MENSCHEN?

LANOO (Christian Anders)

WEITERE BÜCHER VON LANOO (CHRISTIAN ANDERS)

Das Geheimnis der sieben Siegel
ISBN: 3898114090; 55 Seiten, EUR 7,67; deutsch

Der Sinn des Lebens – NIRVANA (Band I und II)
ISBN Band I: 3898114295; 484 Seiten, EUR 25,56; deutsch
ISBN Band II: 3898114309; 500 Seiten, EUR 25,56: deutsch

Der Mann, der AIDS erschuf
ISBN: 3898114406; 424 Seiten, EUR 24.03; deutsch

Seelenatem-Meditation
ISBN: 3898115321; 66 Seiten, EUR 9,71; deutsch

Das illustrierte Buch des Lichts
ISBN: 3831100500; 81 Seiten, EUR 14.82; deutsch

The Secret of the seven Seals
ISBN: 3898117715; 104 Seiten, EUR 10,22; englisch

Divine Message from the True God
ISBN: 3898118622; 176 Seiten, EUR 14,32; englisch

The Man W.H.O. created AIDS
ISBN: 3831106223; 514 Seiten, EUR 35,28; englisch

Der Brief
ISBN: 3831131783; 191 Seiten, EUR 17; deutsch

Der wahre Bankenschwindel
ISBN: 3831140456; 212 Seiten; EUR 17; deutsch

Der Freigänger
ISBN: 3831143129; 114 Seiten; EUR 14; deutsch

Der Rubel m uss rollen
ISBN: 3-8330-0050-3; EUR 19.50; deutsch

Bestellung:

www.amazon.de

www.christiananders.com

www.straube-verlag.com

ODER IN JEDER BUCHHANDLUNG!

Sie erreichen Christian Anders über den Verlag:

Verlag Elke Straube
Hauptstraße 27
01778 Geising

Tel: 035056/34257
Fax: 035056/34264
Mobil: 0174/13 34 337

Internet: www.christiananders.com